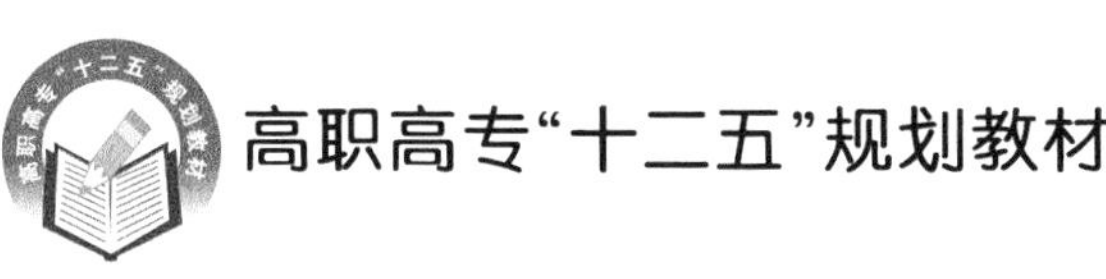

数控机床装配调试与维修实训

胡文彬　主编

杨清丽　林君　雷大军　王舟　编

北京航空航天大学出版社

内容简介

本书按照工作过程系统化的思想，依据现代企业中数控机床维修岗位人员的典型工作过程，以典型工作任务为驱动，采用华中数控综合实训台作为实训设备编写的数控机床维修实训教材。全书共分为8个学习情境，主要内容有：数控机床结构及工作原理，Z轴机械组件安装与调试，数控系统的组成及实验台的部件认识数控系统连接与调试，步进电机调试及故障设置，交流伺服系统调整及使用，变频调速系统的构成、调整和使用，HNC-21TF数控系统的操作及编程实例等。

本书针对高职高专学生的特点，寓理论教学于实践技能训练之中，做到了知识以够用为度，突出实践技能的培养。通过本书的学习实践，使学生能够运用机电知识实现数控机床主要机械部件和电路部分的装配、调试与维修。

本书可作为高职高专院校数控技术、机电一体化技术及相关专业的实训教材，也可作为相关工程技术人员的培训用书和参考书。

本书配有教学课件，可发邮件至 goodtextbook@126.com 或致电 010-82317036 申请读取。

图书在版编目(CIP)数据

数控机床装配调试与维修实训 / 胡文彬主编. -- 北京：北京航空航天大学出版社，2011.8
ISBN 978-7-5124-0461-8

Ⅰ. ①数… Ⅱ. ①胡… Ⅲ. ①数控机床—调试—教材 ②数控机床—维修—教材 Ⅳ. ①TG659

中国版本图书馆 CIP 数据核字(2011)第100207号

数控机床装配调试与维修实训
胡文彬 主编
杨清丽 林君 雷大军 王舟 编
责任编辑 董 瑞
*
北京航空航天大学出版社出版发行
北京市海淀区学院路37号(邮编100191) http://www.buaapress.com.cn
发行部电话：(010)82317024 传真：(010)82328026
读者信箱：goodtextbook@126.com 邮购电话：(010)82316936
北京九州迅驰传媒文化有限公司印装 各地书店经销
*
开本：787×1092 1/16 印张：6.5 字数：166千字
2011年8月第1版 2019年12月第3次印刷 印数：3 501～4 000册
ISBN 978-7-5124-0461-8 定价：18.00元

前　言

数控机床是当代高端装备的主流装备，也是我国“十二五”战略发展规划所大力发展的高端装备之一。而当下数控机床装配调试与维修的人才十分匮乏。因此，培养一批掌握数控机床装配调试与维修的人才就成为当下人才培养的当务之急。为了适应社会上对数控技术人才的需求，四川航天职业技术学院在“理、实一体化”教学的基础之上，开展了数控机床装配调试与维修的精品课程建设，并在此基础上结合实践编写了该实训教程。

本实训教程按照项目驱动、任务导向的教学理念，在实践教学过程中以工学结合的教学思想为出发点，围绕数控机床装配调试与维修实训的关键过程，将实训环节分为八大模块，分别设计了八个学习情境：学习情境一以现有实物（如CK6140型数控车床）为载体，在了解现有数控机床结构及工作原理的基础之上，深入剖析数控机床的进给机构、回转刀架、床身与导轨、辅助装置等数控机床重要零部件的结构及工作原理；学习情境二重点对数控机床轴承座、电机座、丝杆螺母座、滚珠丝杠副等Z轴机械组件的安装与调试进行实训；学习情境三为数控机床的电气结构与工作原理实训；学习情境四为数控系统连接与调试实训；学习情境五为步进电机调试及故障设置实训；学习情境六为交流伺服系统调整及使用实训；学习情境七为变频调速系统实训；学习情境八为数控系统的操作及编程实训。

本实训教程的突出特点是理论与实践相结合，在很多实训环节中设计了故障情境，使学生能够根据故障现象判断故障原因并采取有效措施排除故障，从而大大提高了学生分析问题和解决实际问题的能力。在该实训教程的编写及精品课程的制作过程中，笔者也得到了机床厂等相关单位的通力协作与支持。因此，该实训教程更具有实用性。

本实训教程作者团队由具有多年数控技术专业教学经验的教师与具有企业工作经验的技术人员组成。由胡文彬担任主编，负责全书的统筹和审稿，并编写学习情境一；学习情境二由杨清丽编写；学习情境三、四由林君编写；学习情境五～七由雷大军编写；学习情境八由王舟编写。

尽管笔者在《数控机床装配调试与维修实训》教材建设的特色方面做出了很多努力，但其中的错误和不足之处在所难免，恳请各相关教学单位和读者在使用过程中给予关注并多提宝贵意见和建议。

编　者

2010年4月12日

目　录

学习情境一　数控机床的结构及工作原理

工作任务卡

<table>
<tr><td>工作任务</td><td>了解数控机床的结构及工作原理</td></tr>
<tr><td>任务描述</td><td> CK6140 数控车床外形图

数控机床按工艺用途不同，可以分为单工序数控机床（如数控车床、数控铣床、数控钻床、数控磨床等）、加工中心（立式加工中心、卧式加工中心、龙门加工中心和车削中心等）和特种加工数控机床（如线切割机床、数控火焰成形机床等）。虽然各自工艺用途不同，但在结构和工作原理上均有相似之处。本任务以 CK6140 数控车床为学习切入点，深入分析数控机床的结构和工作原理。</td></tr>
<tr><td>任务要求</td><td>1. 实习厂参观，了解数控机床的外形及组成。
2. 根据图纸，结合机床分析 CK6140 型数控车床的传动系统。
3. 根据图纸，结合机床分析 CK6140 型数控车床的纵向进给机构。
4. 根据图纸，结合机床分析 CK6140 型数控车床回转刀架的结构及工作原理。
5. 根据图纸，结合机床分析 CK6140 型数控车床床身与导轨的布局形式。
6. 结合实物，了解数控机床的辅助装置。</td></tr>
<tr><td>备　注</td><td></td></tr>
</table>

1.1 相关知识点收集

1.1.1 引导问题

应了解哪些必要知识？除下述介绍的基础知识点外，还可通过哪些渠道收集到相关知识？如何分工？

序　号	知识点	内　容	资料来源	收集人

1.1.2 相关基础知识

1. 数控机床的外形及组成

数控机床的外形如图 1－1 所示。

图 1－1　CK6140 数控车床外形图

数控机床一般由控制介质、数控装置、伺服系统、测量反馈装置、机床本体组成，如图 1－2 所示。

(1) 控制介质

控制介质又称程序载体，上面记载着数控加工中的全部信息。

(2) 数控装置

数控装置是数控机床的核心。数控装置接受数字化信息，经过数控装置的控制软件和逻辑电路进行译码、插补、逻辑处理后，将各种指令信息输出给伺服系统。伺服系统驱动执行部

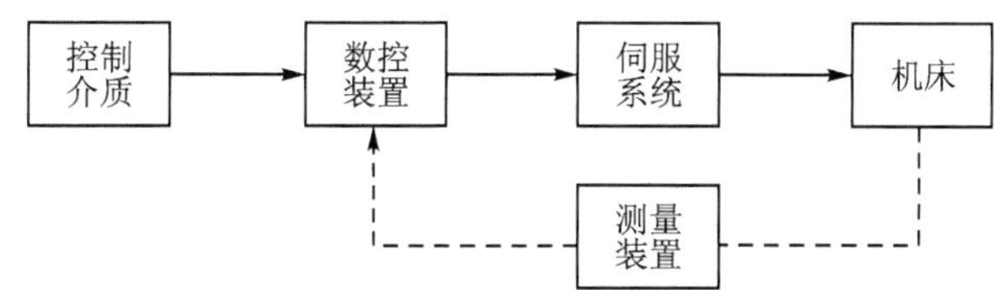

图 1-2　数控机床的组成

件做进给运动，实现主运动部件的变速、换向和启停信号，发出选择和交换刀具的刀具指令信号以及冷却、润滑的启停、工件和机床部件松开、夹紧，分度台转位等辅助指令信号。

(3) 伺服系统

伺服系统由驱动器、驱动电机组成，并与机床上的执行部件和机械传动部件组成数控机床的进给系统。它的作用是把来自数控装置的脉冲信号转换成机床移动部件的运动。

(4) 测量反馈装置(位置反馈系统)

测量反馈装置把检测结果转化为电信号反馈给数控装置，通过比较，计算实际位置与指令位置之间的偏差，并发出偏差指令控制执行部件的进给运动。常用的位置检测元件有光栅、旋转编码器、激光测距仪、磁栅等。

(5) 数控机床的机械部件

数控机床的机械部件主要由以下部分组成：

① 主运动部件；

② 进给部件(工作台、刀架)；

③ 基础支承件(床身、立柱等)；

④ 辅助部分，如液压、气动、冷却和润滑部分等；

⑤ 储备刀具的刀库，自动换刀装置(ATC)。

对于加工中心类的数控机床，还有存放刀具的刀库、交换刀具的机械手等部件。

2. 数控机床工作过程

数控机床的工作大致有如下几个过程，如图 1-3 所示 。

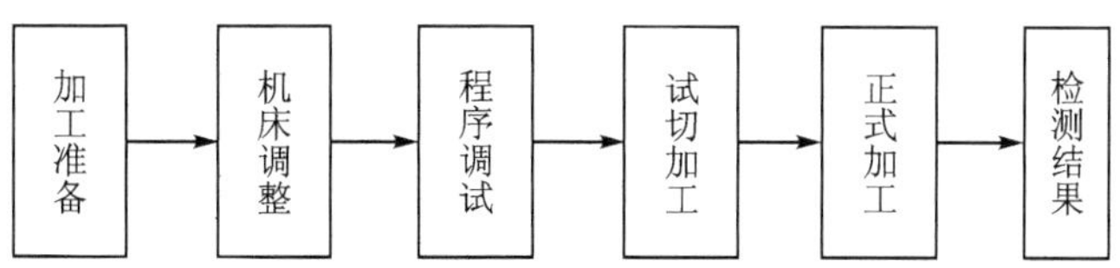

图 1-3　数控机床的工作过程

数控加工的准备过程较复杂，内容多，包含对零件的结构认识，工艺分析，工艺方案的制订，加工程序编制，选用工装、辅具及其使用方法等。

3. CK6140 型数控车床的传动系统图

CK6140 型数控车床的传动系统图如图 1-4 所示。

数控车床的主传动系统一般采用直流或交流主轴电机，通过皮带传动和主轴箱内的变速齿轮带动主轴旋转。由于这种方式调速范围广，又可无级调速，使得主轴箱的结构大为简化。有些小型的或调速范围不大的数控车床，也常采用由电机直接带动主轴或用皮带传动带动主轴旋转。主轴电机在额定转速时可输出全部功率和最大转矩，随着转速的变化，输出功率和转

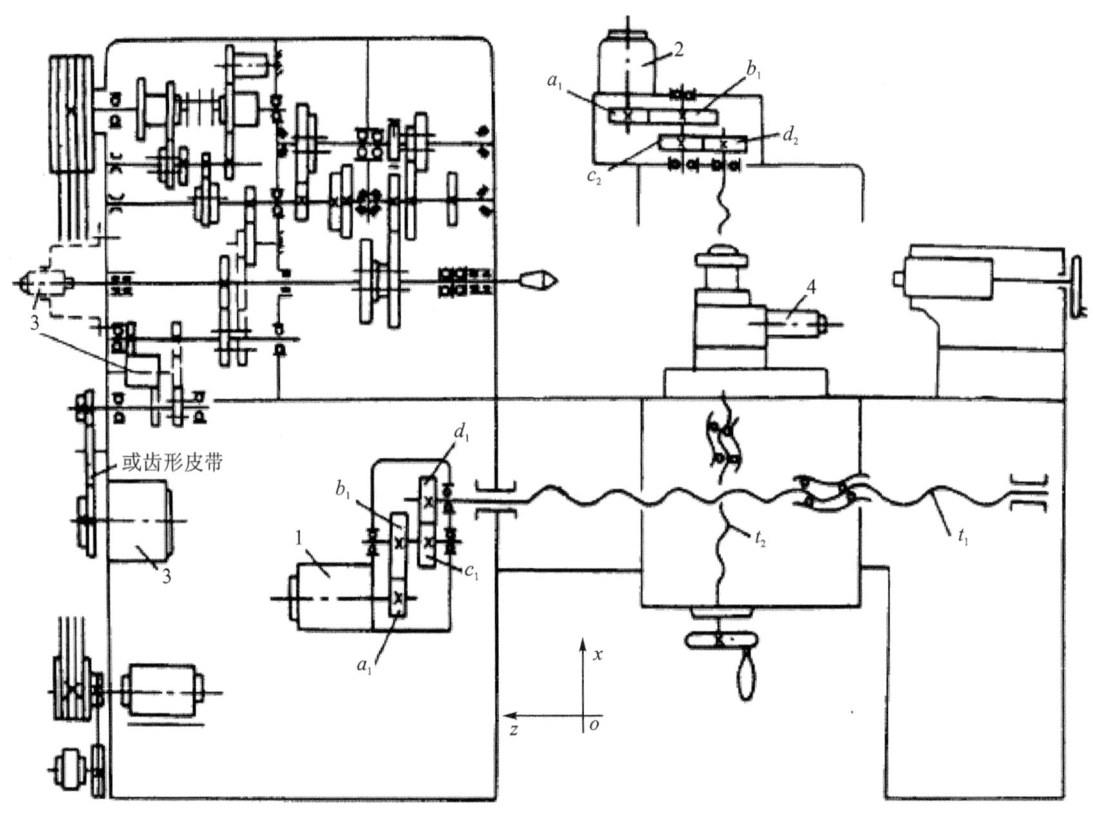

1—AC 伺服电动机；2—AC 电动机；3—变频主轴电动机；4—液压马达

图 1-4　CK6140 型数控车床的传动系统图

矩将发生变化。由于电机的有效转速范围和输出转矩不能完全满足主轴的工作需要，所以主轴箱一般仍需设置 2～4 挡齿轮变速。

4. 数控车床的纵向进给机构

(1) 数控车床进给机构的结构特点

数控车床进给系统的传动方式和结构特点与普通车床截然不同。全功能型数控车床是用直流或交流伺服电机驱动，通过滚珠丝杠带动刀架完成纵向（*Z* 轴）和横向（*X* 轴）的进给运动。一般刀架快速运动时速度可达 10～15 m/min，进给和车螺纹的速度范围很大，刀架定位误差不超过 0.01 mm。

(2) 数控车床进给传动装置

采用伺服电机驱动时，伺服电机与滚珠丝杠的连接方式有两种：一是用同步齿形带连接（见图 1-5），位置检测用装在滚珠丝杠端部的脉冲编码器；二是用锥形环联接套连接（见图 1-6），锥形环由数个内环和外环组成，当旋紧联接套压紧螺钉时，锥面受挤压而向内、外径方向膨胀，消除配合间隙，并产生接触压力以传递转矩和轴向力，其结构简单。

采用伺服电机驱动时，若其转矩不能满足加工要求，则要通过 1～2 对齿轮传动减速后再带动滚珠丝杠。从提高系统的灵敏度和响应速度考虑，应减小齿轮转动惯量的不良影响，消除传动间隙对提高传动精度尤为重要。在图 1-7 所示结构中，滚珠丝杠的轴向力基本上全由左支承承受，右端浮动，不受热膨胀的影响。图 1-8 所示为一种横向进给系统的结构，变速箱体

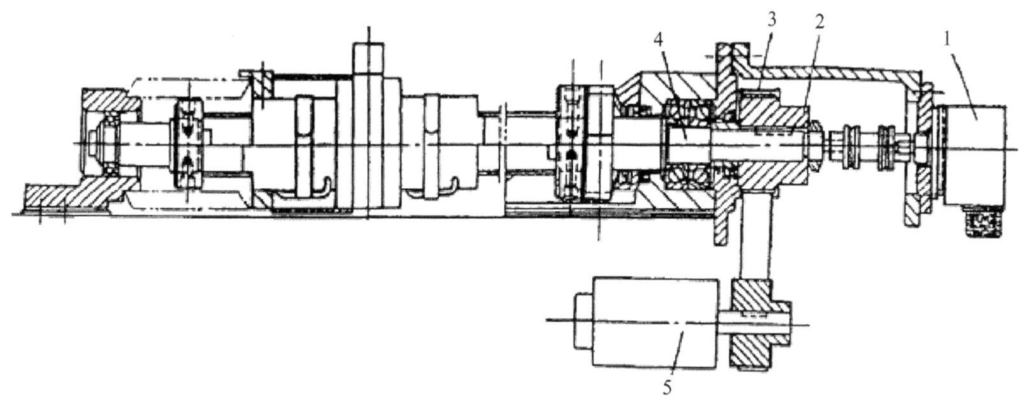

1—脉冲编码器；2—同步齿形带轮；3—同步齿形带；4—滚珠丝杠；5—伺服电机

图 1-5　进给系统用同步齿形带传动

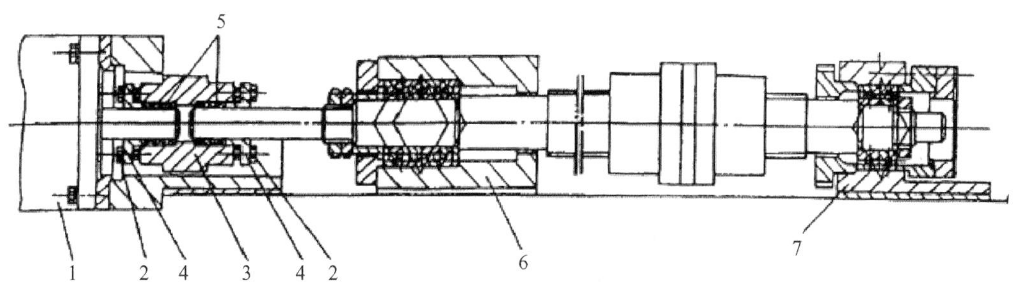

1—伺服电机；2—压紧螺钉；3—联接套；4、6—盖；5—锥形环；
6—轴承左支座；7—轴承右支座

图 1-6　进给系统用锥形环联接套连接

靠丝杠左端轴承座的凸台作基准，保证定位可靠及容易找正；齿轮传动间隙的消除采用了自动补偿的结构。

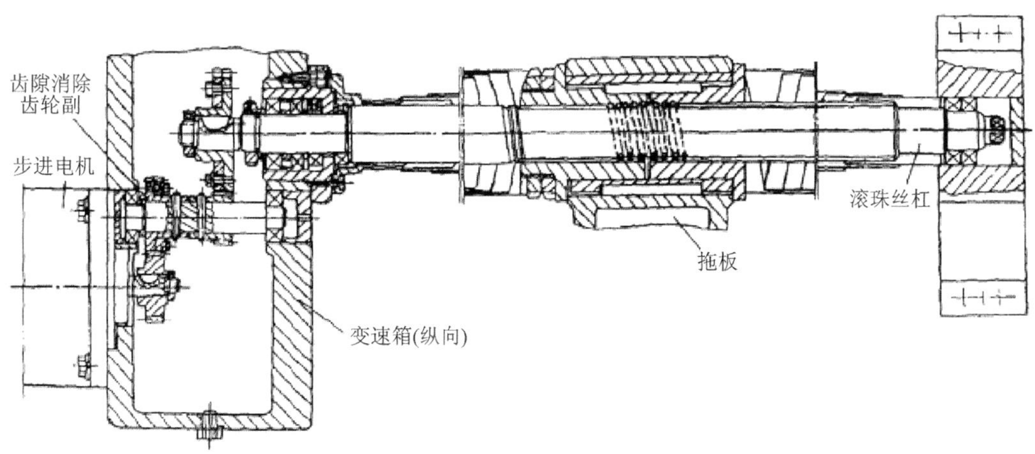

图 1-7　CK6150 车床纵向进给机构

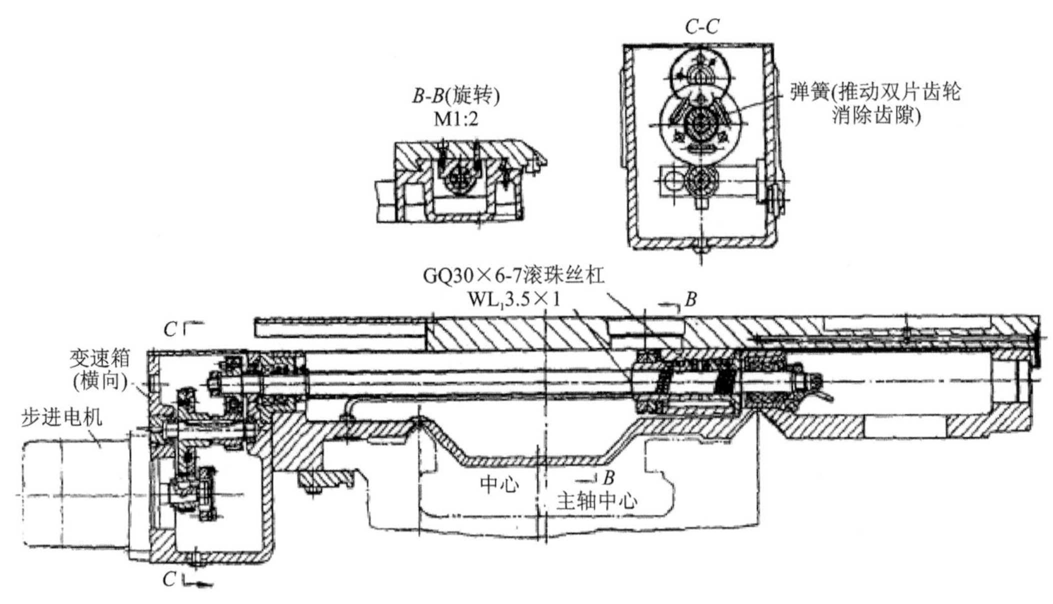

图 1-8　CK6163 车床床鞍装配图

5. 数控车床的回转刀架的结构及工作原理

(1) 自动转位刀架

在经济型数控车床上大都使用四方、五方或六方自动转位刀架。按其工作原理可分为螺旋转位刀架、十字槽转位刀架、凸台棘爪式转位刀架、电磁式转位刀架及液压式转位刀架。目前使用最多的是螺旋转位刀架,其工作原理如图 1-9 所示,微电机经弹簧安全离合器至蜗轮副带动螺母旋转,螺母抬起刀架使定位用端齿盘的上盘与下盘分离,随即带动刀架旋转到位。然后发信号使电机反转锁紧,完成刀架换位后,再进行切削加工。

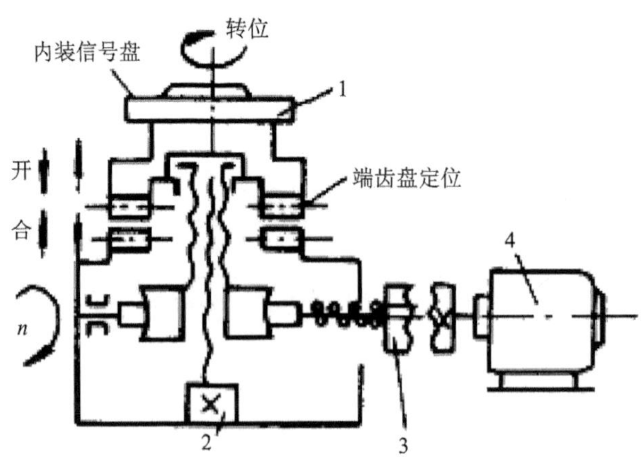

1—刀架;2—固定安装丝杠;3—安全离合器;4—电机

图 1-9　自动转位刀架工作原理图

图 1-10 为采用上述原理设计的一种自动转位四方刀架结构图。工作时,由数控系统直接控制,自动完成刀架抬起、回转、选位、下降、定位和压紧一系列动作。其过程如下:微电机带

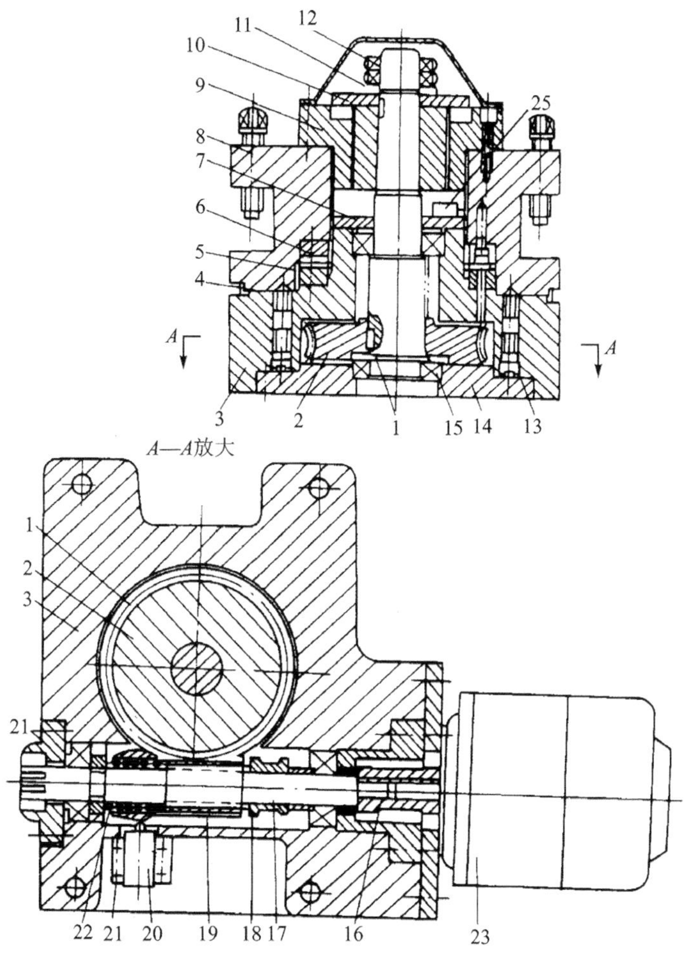

1、17—轴；2—蜗轮；3—刀座；4—密封圈；5、6—齿盘；7、24—压盖；
8—刀架；9、21—套筒；10—轴套；11—垫圈；12—螺母；13—销；14—底盘；15—轴承；
16—联轴套；18—套；19—蜗杆；20、25—开关；22—弹簧；23—电动机

图 1-10　自动转位四方刀架结构图

动蜗杆轴回转，将运动传递到中轴上的齿轮及丝杠，利用螺母的轴向运动抬起刀架，当刀架抬起到特定高度时，由一个正在旋转的固定在中轴上的拨块带动刀架转动，在刀架抬起的过程中是通过带斜面的粗定位销（即斜面销）和定位销槽（即斜面槽）的配合，防止刀架转动。

(2) 转塔刀架（或称回转刀架）

转塔刀架是利用转塔头的各刀座来安装或夹持各种不同用途的刀具，通过转塔头的旋转分度定位来实现机床的自动换刀动作。其刀位数最多可达 20 余种，但最常用的是 8、10、12 和 16 四种。

转塔头的回转轴线与主轴轴线平行，可直接安装或通过专用附件安装各种用于加工外圆、端面、孔、槽、螺纹等工序的刀具。每当一把刀具的切削工序完成后，转塔头根据程序的指令转过一个或几个刀位，使下一工步所用的刀具到达指定刀位处完成自动换刀动作。

转塔刀架按驱动源可分为电机传动的转塔刀架和液压传动的转塔刀架两大类。图 1-11 所示为液压马达驱动的 12 工位转塔刀架。图 1-12 所示为其转位传动机构简图。

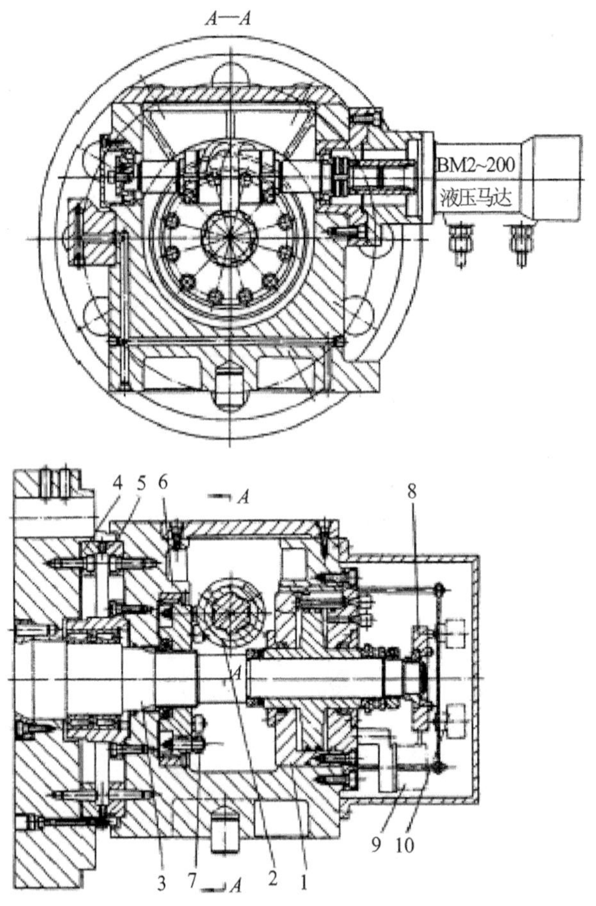

1—液压缸；2—凸轮；3—中心轴；4—左端齿盘；5—右端齿盘；6—回转盘；
7—柱销；8—面转位凸轮；9—计数开关；10—转位结束开关

图 1－11　转塔刀架结构

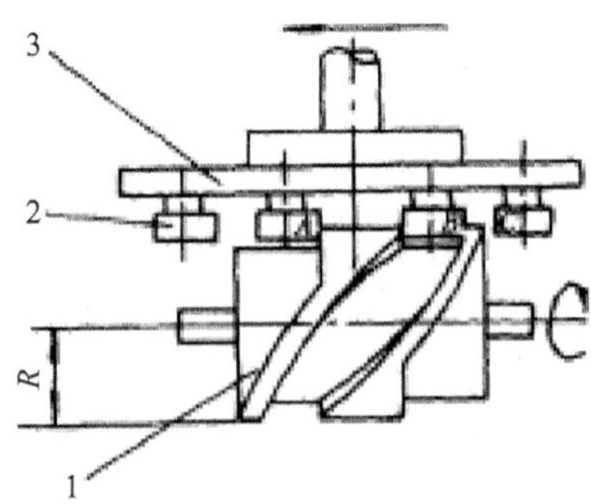

1—凸轮；2 一分度柱销；3—回转盘

图 1－12　圆柱凸轮步进传动机构简图

6. 数控车床的床身与导轨的布局形式

数控车床的床身与导轨的布局形式如图 1 - 13 所示。

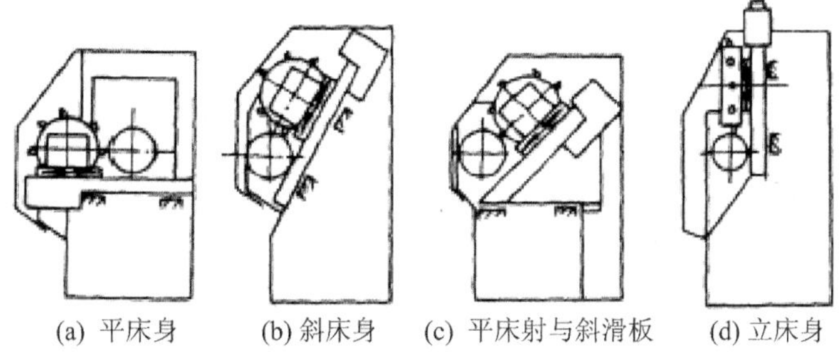

图 1 - 13　数控车床的床身与导轨的布局形式

7. 数控机床的辅助装置

数控机床常用的辅助装置包括：气动、液压装置，排屑装置，冷却、润滑装置，回转工作台和数控分度头，防护，照明等。

1.2　分组讨论

引导问题：

1. 除 CK6140 型数控车床，还有哪些类型的数控机床？工作过程如何？

2. 数控机床传动系统由哪几个部分组成？

3. 数控车床进给机构有什么结构特点？其传动装置的结构是怎样的？

4. 数控车床的回转刀架的结构和工作原理是怎样的？

5. 数控车床的床身与导轨的布局形式有哪几种？哪些数控车床采用平床身？哪些数控车床采用斜床身？

6. 数控机床的辅助装置有哪些？

1.3 制订工作计划

引导问题：为了在较短的时间获得更多学习资源以及资源共享，将本次学习任务分为6个部分，各部分由1～2名同学分头掌握，然后大家分享。为此需要分两步进行：

1.3.1 相关学习资源的收集

班级：　　　　　　　　　　　　　　　　组别：

序　号	知识点	内　容	资料来源	收集人
1	数控机床的类型及工作过程			
2	数控机床传动系统的组成			
3	数控车床进给机构			
4	数控车床回转刀架的结构和工作原理			
5	数控车床床身与导轨的布局形式			
6	数控机床的辅助装置			

1.3.2 现场学习与分享

结合实习厂机床为同组同学现场讲解：

序　号	知识点	讲解人
1	数控机床的类型及工作过程	
2	数控机床传动系统的组成	
3	数控车床进给机构	
4	数控车床的回转刀架的结构和工作原理	
5	数控车床的床身与导轨的布局形式	
6	数控机床的辅助装置	

1.4 执行工作计划

1.4.1 相关学习资源的收集

班级：　　　　　　　　　　　　　　　　　　　　　　　　组别：

序　号	知识点	内　容	资料来源	收集人	得　分
1	数控机床的类型及工作过程				
2	数控机床传动系统的组成				
3	数控车床进给机构				
4	数控车床回转刀架的结构与工作原理				
5	数控车床床身与导轨的布局形式				
6	数控机床的辅助装置				

1.4.2 现场学习与分享

结合实习厂机床为本组同学现场讲解：

班级：　　　　　　　　　　　　　　　　　　组别：

序　号	知识点	讲解人	补　充	评　分
1	数控机床的类型及工作过程			
2	数控机床传动系统的组成			
3	数控车床的进给机构			
4	数控车床回转刀架的结构和工作原理			
5	数控车床床身与导轨的布局形式			
6	数控机床的辅助装置			

讨论与总结：

1.5 考核与评价

评价汇总表

序　号	成员姓名	小组得分（50%）	个人得分（25%）	教师评价（25%）	考评结果

注：(1)“小组得分”由实习厂老师与任课教师共同给予评价；

(2)“个人得分”由小组成员评价；

(3)“教师评价”由任课教师评价。

1.6 总结与提高

1. 记录自己的工作成果。

2. 记录自己的工作失误以及导致失误的原因，如何改进？

3. 根据收集到的信息，评估目的达成和转化效果，写出小组自评结论。

学习情境二　Z 轴机械组件安装与调试

工作任务卡

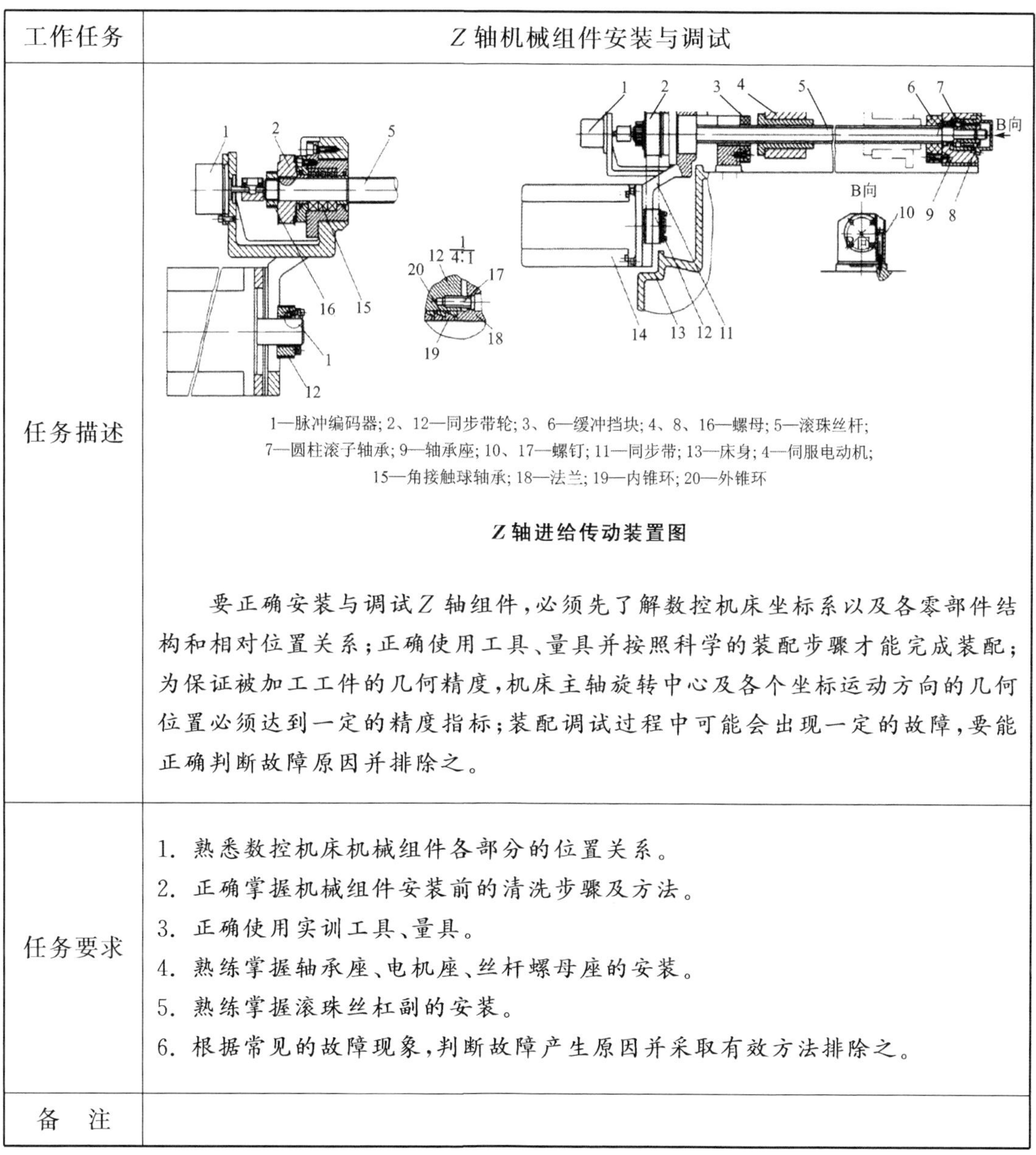

工作任务	Z 轴机械组件安装与调试
任务描述	1—脉冲编码器；2、12—同步带轮；3、6—缓冲挡块；4、8、16—螺母；5—滚珠丝杆；7—圆柱滚子轴承；9—轴承座；10、17—螺钉；11—同步带；13—床身；4—伺服电动机；15—角接触球轴承；18—法兰；19—内锥环；20—外锥环 **Z 轴进给传动装置图** 要正确安装与调试 Z 轴组件，必须先了解数控机床坐标系以及各零部件结构和相对位置关系；正确使用工具、量具并按照科学的装配步骤才能完成装配；为保证被加工工件的几何精度，机床主轴旋转中心及各个坐标运动方向的几何位置必须达到一定的精度指标；装配调试过程中可能会出现一定的故障，要能正确判断故障原因并排除之。
任务要求	1. 熟悉数控机床机械组件各部分的位置关系。 2. 正确掌握机械组件安装前的清洗步骤及方法。 3. 正确使用实训工具、量具。 4. 熟练掌握轴承座、电机座、丝杆螺母座的安装。 5. 熟练掌握滚珠丝杠副的安装。 6. 根据常见的故障现象，判断故障产生原因并采取有效方法排除之。
备　注	

2.1 相关知识点收集

2.1.1 引导问题

应了解哪些必要知识？除下述介绍的基础知识点外，还可通过哪些渠道收集到相关知识？如何分工？

序　号	知识点	内　容	资料来源	收集人

2.1.2 相关基础知识

1. 数控机床坐标系

数控机床有主运动和坐标方向上的进给运动，因此，数控机床机械部分主要由主轴部件和进给部件组成。进给移动部件一般具有 X、Y、Z 三个坐标方向上的运动。三个坐标方向必须垂直，主轴旋转轴线必须垂直于 X 坐标轴、Y 坐标轴组成的平面或平行于 Z 坐标轴。

2. 机床精度的概念

机床的加工精度是衡量机床性能的一项重要指标。影响机床加工精度的因素很多，有机床本身的精度影响，还有因机床及工艺系统变形、加工中产生振动、机床的磨损以及刀具磨损等因素的影响。

机床的精度包括几何精度、传动精度、定位精度以及工作精度等，不同类型的机床对这些方面的要求是不一样的。

(1) 几何精度

机床的几何精度是指机床某些基础零件工作面的几何精度，它指的是机床在不运动（如主轴不转，工作台不移动）或运动速度较低时的精度。它规定了决定加工精度的各主要零、部件间以及这些零、部件的运动轨迹之间的相对位置允差。例如，床身导轨的直线度、工作台面的平面度、主轴的回转精度、刀架溜板移动方向与主轴轴线的平行度等。

(2) 传动精度

机床的传动精度是指机床内联系传动链两末端件之间的相对运动精度。这方面的误差称为该传动链的传动误差。为了保证工件的加工精度，不仅要求机床有必要的几何精度，还要求内联系传动链有较高的传动精度。

(3) 定位精度

机床定位精度是指机床主要部件在运动终点所达到的实际位置的精度。实际位置与预期位置之间的误差称为定位误差。

机床的几何精度、传动精度和定位精度通常是在没有切削载荷以及机床不运动或运动速度较低的情况下检测的,故一般称之为机床的静态精度。静态精度主要决定于机床上主要零、部件,如主轴及其轴承、丝杠螺母、齿轮以及床身等的制造精度以及它们的装配精度。

(4) 工作精度

静态精度只能在一定程度上反映机床的加工精度,因为在实际工作状态下,还有一系列因素会影响机床的加工精度。机床在外载荷、温升及振动等工作状态下的精度,称为机床的动态精度。目前,生产中一般是通过切削加工出的工件精度来考核机床的综合动态精度,称为机床的工作精度。工作精度是各种因素对加工精度影响的综合反映。

3. 滚珠丝杠螺母副

(1) 滚珠丝杠螺母副的工作原理

滚珠丝杠螺母副是回转运动与直线运动相互转换的新型传动装置。图2-1是滚珠丝杠螺母副的原理图。在丝杠和螺母上加工有弧形螺旋槽,当它们套装在一起时形成了螺旋轨道,并在滚道内装满滚珠。当丝杠相对于螺母旋转时,两者发生轴向位移,而滚珠则沿着滚道滚动,螺母螺旋槽的两端用回珠管连接起来,使滚珠能做周而复始的循环运动,管道的两端还起着挡珠的作用,以防滚珠沿滚道掉出。

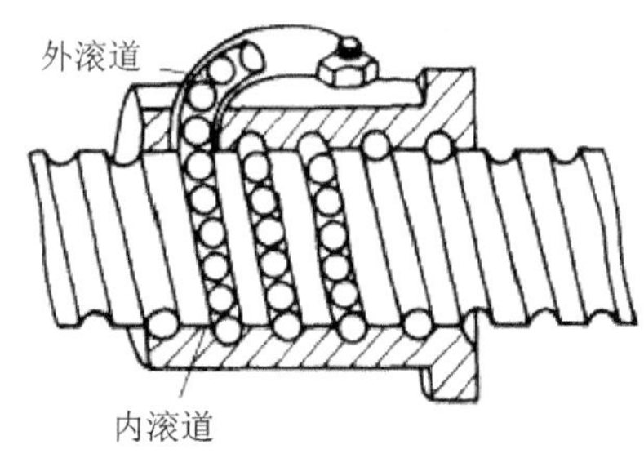

图2-1 滚珠丝杠螺母副

(2) 滚珠丝杠的防护

滚珠丝杠副和其他滚动摩擦的传动零件一样,只要避免磨料微粒及化学活性物质进入,就可以认为这些元件几乎是在不产生磨损的情况下工作的。

4. 主轴及进给系统常见机械故障及排除方法

主轴及进给系统常见机械故障及排除方法如表2-1、表2-2所列。

表2-1 常见主轴部件的机械故障诊断及排除方法

序 号	故障现象	故障原因分析	排除方法
1	切削振动大	轴承预紧力不够,游隙过大	重新调整轴承游隙。但预紧力不宜过大,以免损坏轴承
		轴承预紧螺母松动,使主轴蹿动	紧固螺母,确保主轴精度合格
		轴承拉毛或损坏	更换轴承

续表 2-1

序　号	故障现象	故障原因分析	排除方法
2	主轴箱噪声大	主轴部件动平衡不好	重做动平衡
		齿轮啮合间隙不均匀或严重损伤	调整间隙或更换齿轮
		轴承损坏或传动轴弯曲	修复或更换轴承，校直传动轴
		齿轮精度差	更换齿轮
		润滑不良	调整润滑油量，保持主轴箱的清洁度
3	齿轮和轴承损坏	变挡压力过大，齿轮受冲击产生破损	调整适当的压力和流量
		变挡机构损坏或固定销脱落	修复或更换零件
		轴承预紧力过大或无润滑	重新调整预紧力，并使之润滑充足
4	主轴不能转动	卡盘未夹紧工件或主轴中的拉杆未拉紧夹持刀具的拉钉	调整或进行修复
		变挡复合开关损坏	进行更换
		变挡电磁阀体内泄漏	更换电磁阀
5	主轴无变速	压力是否足够	检测并调整工作压力
		变挡液压缸研损或卡死	修去毛刺和研伤，清洗后重装
		变挡电磁阀卡死	检修并清洗
		变挡液压缸拨叉脱落	修复或更换
		变挡液压缸蹿油或内泄	更换密封圈
6	主轴发热	轴承预紧力过大	调整
		轴承研伤或损坏	更换轴承
		润滑油脏或有油杂质	清洗主轴箱，更换润滑油
7	主轴精度超标	主轴轴承损坏或调整不当	换轴承或调整
		主轴内孔磨损	更换主轴
		主轴温升过高，引起热变形	调整轴承
		锁紧螺母松动	锁紧螺母

表 2-2　滚珠丝杠螺母副的故障诊断与排除方法

序　号	故障现象	故障原因分析	排除方法
1	加工工件表面粗糙度大	导轨的润滑油不足，致使溜板爬行	加润滑油，排除润滑故障
		滚珠丝杠有局部拉毛或磨损	更换或修理丝杠
		丝杠轴承损坏，运动不平稳	更换损坏轴承
		伺服电动机未调整好，增益过大	调整伺服电动机控制系统

续表 2-2

序　号	故障现象	故障原因分析	排除方法
2	加工精度不稳定	丝杠轴联轴器锥套松动	重新紧固，并用百分表反复测试
		丝杠轴滑板配合压板过紧或过松	重新调整或修研，用 0.03 mm 塞尺不能塞入为合格
		丝杠轴滑板配合楔铁过紧或过松	重新调整或修研，使接触率达 70%以上，用 0.03 mm 塞尺不能入为合格
		滚珠丝杠预紧力过紧或过松	调整预紧力，检查轴向蹿动值，使反向误差大，其误差不大于 0.015 mm
		滚珠丝杠螺母端面与结合面不垂直、结合过松	修理、调整或加垫处理
		丝杠支座轴承预紧力过紧或过松	修理调整
		滚珠丝杠制造误差大或轴向蹿动	用力控制系统自动补偿功能消除间隙，用仪器测量并调整丝杠蹿动
		润滑油不足或没有	调节至各导轨面均有润滑油
		其他机械干涉	排除干涉部位
3	滚珠丝杠在运转中转矩过大	两滑板配合压板过紧或研损	重新调整或修研压板，用 0.04 mm 塞尺不能塞入为合格
		滚珠丝杠螺母反向器损坏，滚珠丝杠卡死，轴端螺母预紧力过大	修复或更换丝杠，并精心调整
		丝杠磨损	更换
		伺服电动机与滚珠丝杠连接不同轴	调整同轴度并紧固连接座
		无润滑油	调整润滑油路
		超程开关失灵造成机械故障	检查故障并排除
		伺服电动机过热报警	检查故障并排除
4	丝杠螺母润滑不良	分油器是否分油	检查定量分油器
		油管是否堵塞	消除污物使油管畅通
5	滚珠丝杠副有噪声	滚珠丝杠轴承压盖压合情况不好	调整轴承压盖，使其压紧轴承端面
		滚珠丝杠润滑不良	检查分油器和油路，使润滑油充足
		滚珠产生破损	更换滚珠
		电动机与丝杠联轴器松动	拧紧联轴器锁紧螺钉
		滚珠丝杠支承轴承可能破损	如轴承破损更换新轴承

续表 2-2

序　号	故障现象	故障原因分析	排除方法
6	滚珠丝杠运动不灵活	轴向预加载荷太大	调整轴向间隙和预加载荷
		滚珠丝杠与导轨不平行	调整丝杠支座位置,使丝杠导轨平行
		螺母轴线与导轨不平行	调整螺母座的位置
		丝杠弯曲	校直丝杠
7	滚珠丝杠螺母副传动状况不良	滚珠丝杠螺母副润滑状况不良	用润滑脂润滑丝杠(需移动工作台,取下罩套,涂上润滑)

2.2　分组讨论

引导问题:

1. 数控机床机械组件各部分的位置关系?

2. 简述机械组件安装前的清洗步骤及方法?团队如何分工与协作?

3. 实训应使用的工具、量具有哪些?谁负责借出、保管与归还?

4. 简述轴承座、电机座、丝杆螺母座的安装步骤与方法?团队如何分工与协作?

5. 滚珠丝杠副的安装有哪些步骤?团队如何分工与协作?

6. 安装过程中可能会遇到主轴部件的哪些机械故障?如何排除?

7. 安装过程中可能会遇到滚珠丝杠螺母副的哪些故障?如何排除?

2.3　制订工作计划

引导问题:安装调试前,需要做哪些准备工作?

2.3.1　Z 轴组件的安装步骤方案表

步　骤	内　容	分工(责任人)	预期成果及检查项目

2.3.2　实训设备、工具、量具及辅料

1. 实训设备

HED-21S 数控系统综合实验台、CK6140 数控车床。

2. 实训工具、量具及辅料

实训过程中工具、量具及辅料主要有检棒组件、桥尺、铝套、铜棒、卡簧钳、内六角扳手、勾子扳手、活动扳手、磁铁表座、百分表、千分表、钢球、油盘、油刷、汽油、煤油、黄油等。

引导问题:这些实训工具、量具及辅料各是什么规格? 数量各是多少? 谁负责领出、保管及归还?

实训工具及辅料

序　号	工具及辅料名称	规　格	数　量	责任人

2.4　执行工作计划

引导问题:如何实施? 实施过程中如何组织与协调? 谁负责记录?

2.4.1　描述数控车床的主轴部件、刀架部件、十字工作台结构

通过 HED-21S 数控系统综合实验台的演示,描述数控车床的主轴部件、刀架部件、十字工作台结构。

2.4.2 Z轴机械组件安装前准备：零件清洗

1. 步　骤

(1) 对轴承、滚珠丝杠副、其他零件进行必要的清洗

配备工具：油盘、油刷、汽油、煤油。

清洗方法：轴承、滚珠丝杠副等需要涂润滑脂的器件用汽油清洗，其他零件用煤油清洗。

注意事项：所有清洗和擦拭不得用棉纱。

(2) 对清洗后的轴承、滚珠丝杠副等正确的摆放

注意事项：① 滚珠丝杠副如可能竖直吊挂，水平放置时应搁在软基面上；

② 所有清洗后的零件都应放在清洁且振动较小的环境中。

2. 检验标准

(1) 所选工具和使用方法正确。

(2) 清洗后的零件不应有灰尘、毛刺杂质等。

(3) 所有过程必须在 15 min 内完成。

2.4.3 Z轴机械组件安装与调试

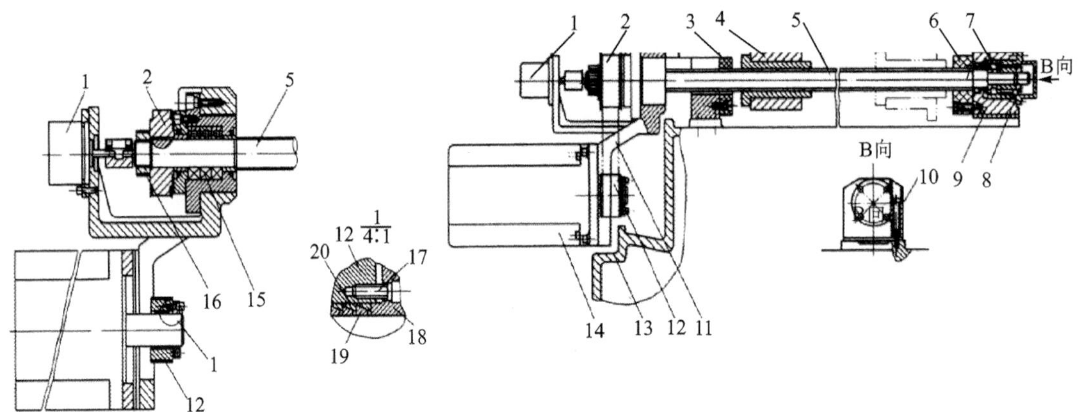

1—脉冲编码器；2、12—同步带轮；3、6—缓冲挡块；4、8、16—螺母；5—滚珠丝杆；7—圆柱滚子轴承；9—轴承座；10、17—螺钉；11—同步带；13—床身；14—伺服电动机；15—角接触球轴承；18—法兰；19—内锥环；20—外锥环

图 2-2　Z轴进给传动装置图

1. 轴承座、电机座与丝杆螺母座的检测与拆卸

配备工具：桥尺 1 副、检棒组件 2 套、磁铁表座 2 个、百分表 2 块、内六角扳手 1 套。

(1) 正确使用桥尺等检测工具。检验标准：检测工具使用方法的正确性。

(2) 检测轴承座与电机座的同轴度如图 2-3 所示。含上、侧母线，检棒全长(500 mm)允差应小于等于 0.01 mm。

(3) 检测丝杆螺母座与轴承座的同轴度如图 2-4 所示，含上、侧母线，检棒全长(500 mm)允差应小于等于 0.01 mm。

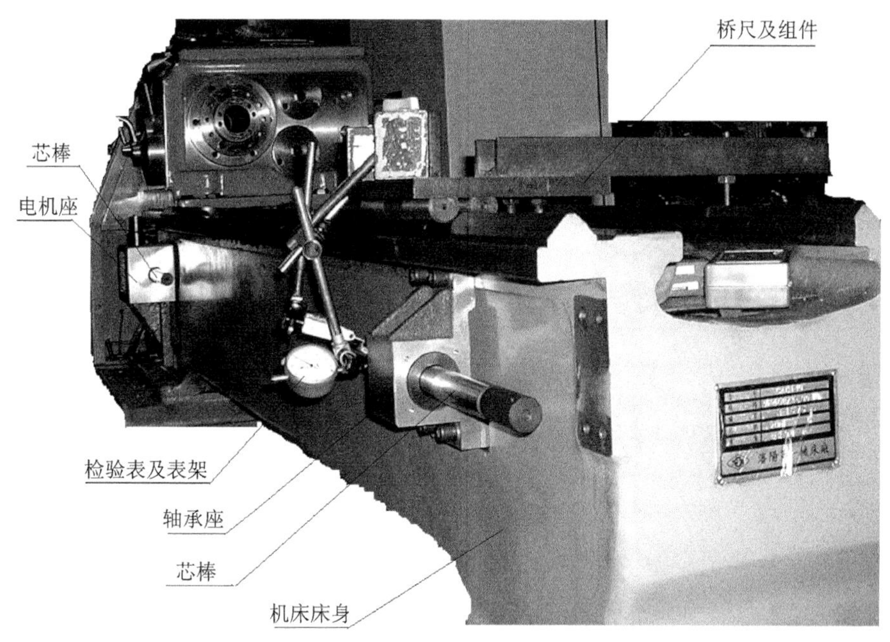

图 2-3 检查轴承座与电机座的同轴度

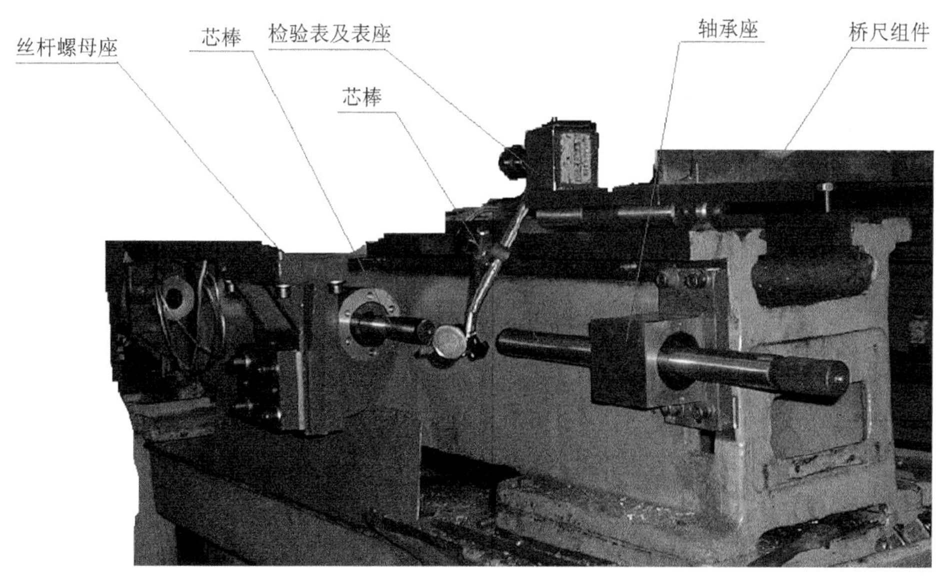

图 2-4 检查轴承座与丝杠螺母座的同轴度

注意：① 检棒的“抬头”或“低头”方向；

② 检测值应为芯棒在 0°和 180°各读数一次取平均值，选用正确的隔垫和检验棒悬伸。

检验标准：检测工具使用方法的正确性。

(4) 分析电机座、轴承座与丝杠螺母座的同轴度,如图 2-5 所示。

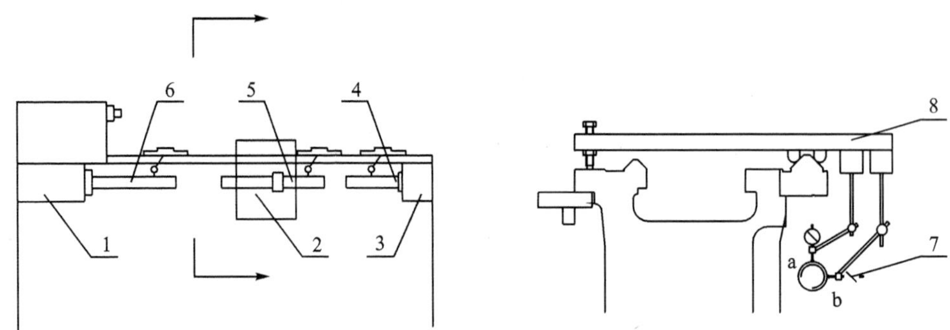

1—电机座;2—丝杠螺母座;3—轴承座;4、5、6—检棒;
7—检验表及表座;8—桥尺组件

图 2-5 检测电机座、轴承座与丝杠螺母座的同轴度示意图

(5) 取上述检查合格后的零部件——轴承座、丝杆螺母座(溜板箱)、电机座定位销,固定丝杆螺母座(溜板箱),拆除轴承座、电机座。

检验标准: ① 操作过程的正确性;

② 整个过程(上述 5 个步骤)需在 70 min 内完成。

2. 安装滚珠丝杠副

(1) 按装配工艺正确安装电机座组件,配备工具: 内六角扳手 1 套、勾子扳手、铜棒、铝套、黄油、卡簧钳等。

注意: 轴承安装前须进行必要的清洗并重新涂满 1/3 轴承空隙润滑脂。

(2) 按装配工艺正确安装轴承座组件,配备工具: 内六角扳手 1 套、勾子扳手、铜棒、铝套、黄油、卡簧钳等。

注意: 轴承安装前须进行必要的清洗并重新涂满 1/3 轴承空隙润滑脂。

(3) 按装配工艺和装配图正确安装滚珠丝杠副及其他零件,配备工具: 内六角扳手 1 套、勾子扳手、铜棒、铝套、黄油、卡簧钳等。

(4) 按图纸正确固定及预紧滚珠丝杠副后,复检滚珠丝杠副在轴承座、电机座、丝杆螺母座端上、侧母线径向跳动。配备工具: 桥尺 1 副、磁铁表座 2 个、百分表 2 块、内六角扳手 1 套。

注意: 此处打表应在表头接触丝杠副外径并有读数后轻轻转动丝杠副,让表头落空在螺纹沟槽再轻轻搬动桥尺到轴承座、电机座或丝杆螺母座端螺纹沟槽处放下,轻轻旋转丝杠副,记下检测表最大读数,三处允差≤0.015 mm。

(5) 复检滚珠丝杠副在电机座端的轴向窜动与调整,配备工具: 磁铁表座、千分表、Φ 5 钢球、活动扳手、勾子扳手。

注意: 此处丝杆锁紧螺母的调节方式。

检验标准: ① 操作过程的规范性、操作方法的正确性;

② 整个过程(上述 5 个步骤)需在 40 min 内完成。

3. 分析检测及装配结果

分析检测及装配结果，将数据填入表 2-3 中，并诊断影响数控机床几何精度的因素。

表 2-3　Z 轴机械组件检测结果

组别：第　　组　　　　　　　　　　　　　　　　　　　　组长：

序　号	检测项目	检测结果						备　注
		上母线			侧母线			
		芯棒 0°时	芯棒 180°时	平均值	芯棒 0°时	芯棒 180°时	平均值	
1	滚珠丝杠副在电机座端的轴向蹿动							
2	丝杆螺母座与电机座的同轴度							
3	丝杆螺母座与轴承座的同轴度							
4	复检：滚珠丝杠副在电机座端的轴向蹿动							
检测结果分析								

完成日期：

分析：影响数控机床几何精度的因素：

2.4.4　重新启动，检查是否正常运行

1. 主轴试运转

首先检查气动工作情况，然后由低速至高速级运转，每级运转不得少于 5 min，并检查主轴准停的可靠性和紧刀机构的可靠性。

2. 进给系统试运转

首先检查纵向、横向和垂向行程开关和各向软限位工作的可靠性，然后三个座标分别进行低、中、高速试运转。

3. 注意事项

工作台面上安装工件时，应注意所用最长刀具在换刀时，刀具不能与工件相碰。

问题引入：重启与安装过程中遇到哪些机械故障？如何排除？如何正确记录？

2.5 考核与评价

2.5.1 考评各组完成情况

Z 轴机械组件安装与调试实训环节考评结果

班级：　　　　　　　　　　　　第　　组　　　　　　　　　　　　得分：

组长：　　　　小组成员：

<table>
<tr><th>序　号</th><th colspan="3">考核项目</th><th>评分细则</th><th>完成时间</th><th>得　分</th></tr>
<tr><td>1</td><td rowspan="2">Z 轴机械组件安装前准备</td><td rowspan="2">零件清洗（该项目应在 15 min 内完成）</td><td>对轴承、滚珠丝杠副、其他零件进行必要的清洗</td><td>1. 所选工具和使用方法正确；
2. 轴承、滚珠丝杠副等须涂润滑脂的器件用汽油清洗，其他零件用煤油清洗。所有清洗和擦拭不得用棉纱。
根据以上细则，裁判酌情给分</td><td></td><td></td></tr>
<tr><td>2</td><td>对清洗后轴承、滚珠丝杠副等正确的摆放</td><td>特别是滚珠丝杠副如可能竖直吊挂，水平放置时应搁在软基面上，所有清洗后的零件都应放在清洁且振动较小的环境，裁判酌情给分</td><td></td><td></td></tr>
<tr><td>3</td><td rowspan="3">Z 轴机械组件安装与调试</td><td rowspan="3">正确安装轴承座、电机座、丝杆螺母座（该项目应在 70 min 内完成）</td><td>正确使用桥尺等检测工具</td><td>方法不正确或其他裁判酌情给分</td><td></td><td></td></tr>
<tr><td>4</td><td>检查丝杆螺母座与电机座的同轴度，含上、侧母线</td><td>1. 检测值应为芯棒在 0°和 180°各读数一次取平均值，选用正确的隔垫和检验棒悬伸；
2. 注意检棒的“抬头”或“低头”方向。
方法不正确或其他裁判酌情给分</td><td></td><td></td></tr>
<tr><td>5</td><td>检查丝杆螺母座与轴承座的同轴度，含上、侧母线</td><td>1. 检测值应为芯棒在 0°和 180°各读数一次取平均值，选用正确的隔垫和检验棒悬伸；
2. 注意检验棒的“抬头”或“低头”方向。
方法不正确或其他裁判酌情给分</td><td></td><td></td></tr>
</table>

续表

序 号	考核项目			评分细则	完成时间	得 分
6	Z轴机械组件安装与调试	正确安装轴承座、电机座、丝杆螺母座(该项目应在70 min内完成)	固定丝杆螺母座(溜板箱),拆除轴承座、电机座	方法不正确或其他裁判酌情给分		
7		安装滚珠丝杠副(该项目应在40 min内完成)	按装配工艺正确安装电机座组件	轴承安装前须进行必要的清洗并重新涂满1/3轴承空隙润滑脂,裁判酌情给分		
8			按装配工艺正确安装轴承座组件	轴承安装前须进行必要的清洗并重新涂满1/3轴承空隙润滑脂,裁判酌情给分		
9			按装配工艺和装配图正确安装滚珠丝杠副及其他零件	注意此处打表应在表头接触丝杠副外径并有读数后轻轻转动丝杠副,让表头落空在螺纹沟槽再轻轻搬动桥尺到轴承座、电机座或丝杆螺母座端螺纹沟槽处放下,轻轻旋转丝杠副,记下检测表最大读数,三处允差≤0.015 mm,整个情况裁判酌情给分		
10			按图纸正确固定及预紧滚珠丝杠副后,复检滚珠丝杠副在轴承座、电机座、丝杆螺母座端上、侧母线径向跳动	允差≤0.008 mm,正确的检查方式得1分,正确的结果得1分(此时不得紧固联轴器与电机的螺钉等),注意此处丝杆锁紧螺母的调节方式		

实习指导教师:

日期:

2.5.2 各成员得分

评价汇总表

序　号	成员姓名	小组得分（50%）	个人得分（25%）	教师评价（25%）	考评结果

注：(1)“小组得分”由实习指导教师给予评价；
(2)“个人得分”由小组成员评价；
(3)“教师评价”由任课教师评价。

2.6 总结与提高

1. 记录自己的工作成果。

2. 记录自己的工作失误以及导致失误的原因，如何改进？

3. 根据收集到的信息，评估目的达成和转化效果，写出小组自评结论。

学习情境三　数控系统的组成及实验台的部件认识

工作任务卡

工作任务	了解数控综合实验台的组成
任务描述	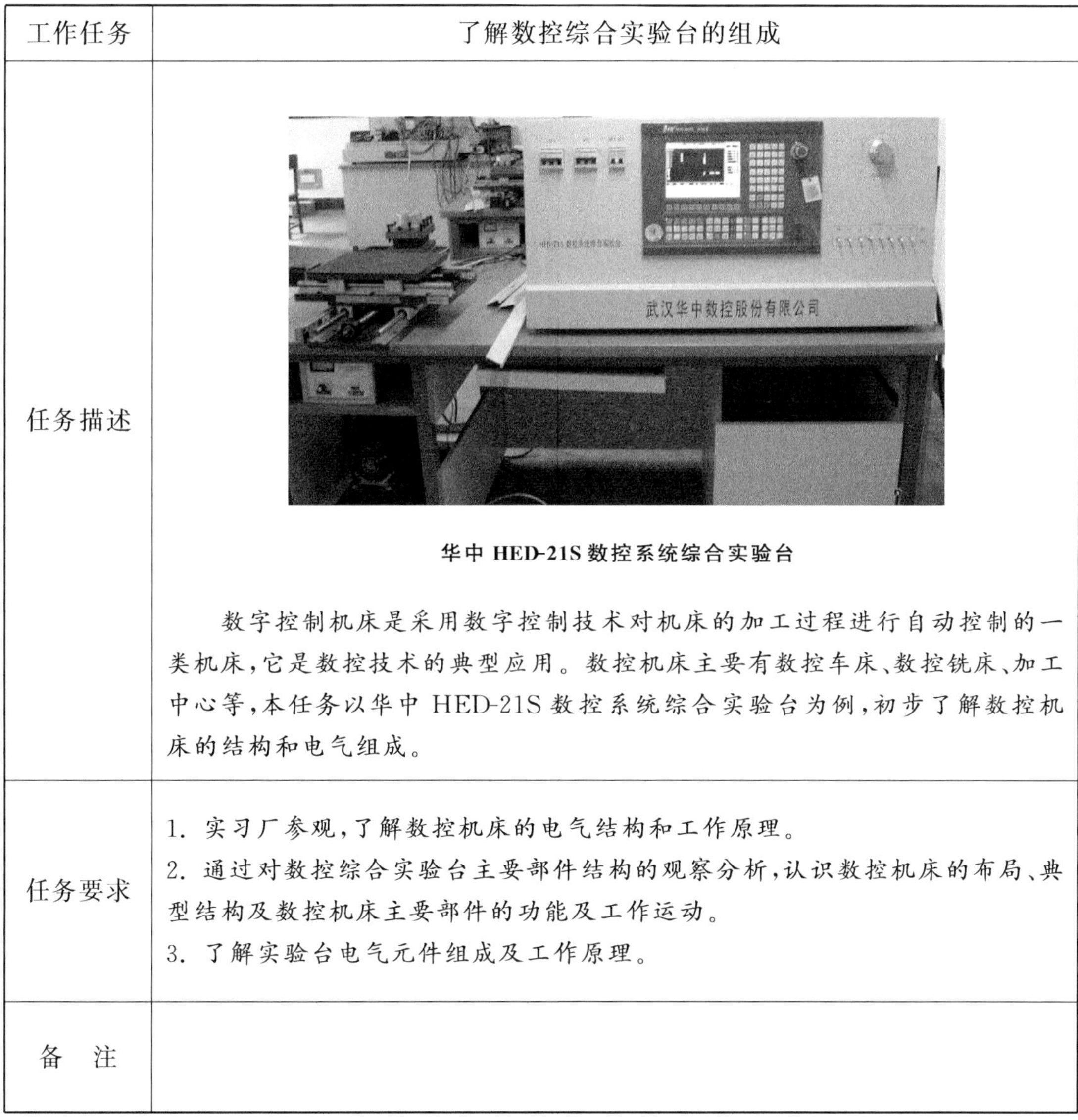 **华中 HED-21S 数控系统综合实验台** 数字控制机床是采用数字控制技术对机床的加工过程进行自动控制的一类机床，它是数控技术的典型应用。数控机床主要有数控车床、数控铣床、加工中心等，本任务以华中 HED-21S 数控系统综合实验台为例，初步了解数控机床的结构和电气组成。
任务要求	1. 实习厂参观，了解数控机床的电气结构和工作原理。 2. 通过对数控综合实验台主要部件结构的观察分析，认识数控机床的布局、典型结构及数控机床主要部件的功能及工作运动。 3. 了解实验台电气元件组成及工作原理。
备　注	

3.1　相关知识点收集

3.1.1　引导问题

应了解哪些必要知识？除下述介绍的基础知识点外，还可通过哪些渠道收集到相关知识？如何分工？

序　号	知识点	内　容	资料来源	收集人

3.1.2　相关基础知识

1. 数控系统的结构及组成

数控机床是采用数字控制技术对机床的加工过程进行自动控制的一类机床，它是数控技术的典型应用。数控系统是实现数字控制的装置，计算机数控系统是以计算机为核心的数控系统。计算机数控系统的组成如图 3－1 所示。

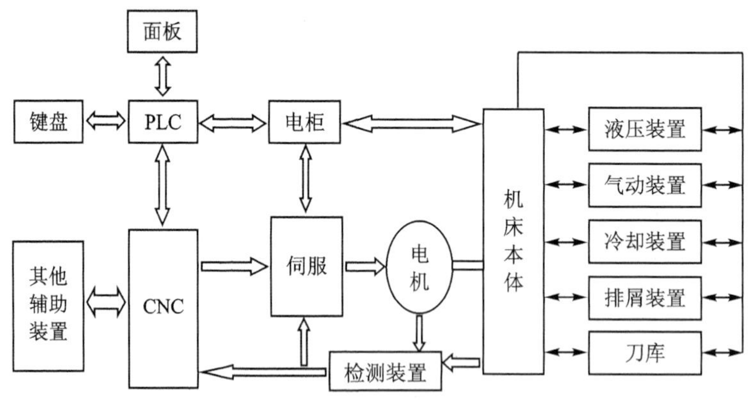

图 3－1　计算机数控系统的组成框图

2. 实验台部件

HED-21S 数控系统综合实验台由数控装置、变频调速主轴及三相异步电机、交流伺服单元及交流伺服电机、步进电机及步进电机驱动器单元、测量装置、十字工作台等组成，如图 3－2 所示。

(1) 计算机数控装置(CNC 装置)

CNC 装置是计算机数控系统的核心，它包括微处理器 CPU、存储器、局部总线、外围逻辑

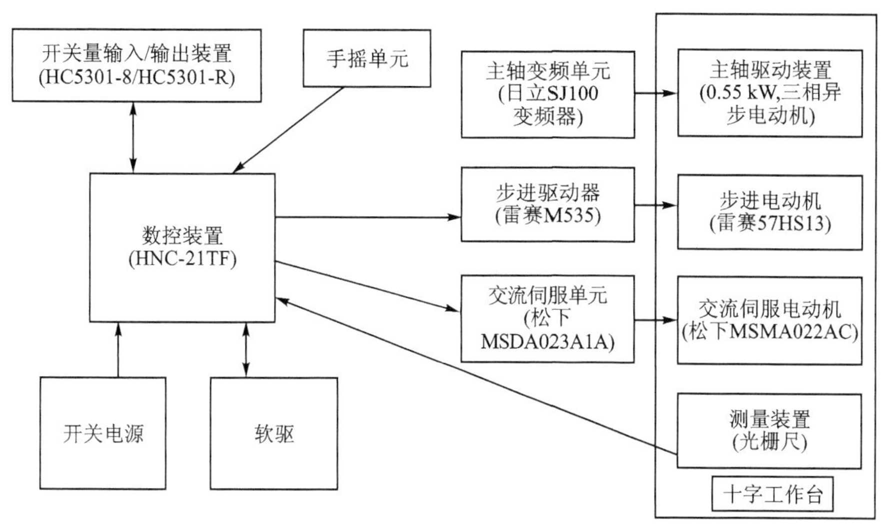

图 3－2　HED-21S 数控系统综合实验台组成框图

电路以及与 CNC 系统其他组成部分联系的接口及相应控制软件。CNC 装置根据输入的加工程序进行运动轨迹处理和机床输入/输出处理,然后输出控制命令到相应的执行部件,如伺服元件,驱动装置和 PLC 等使其进行规定的、有序的动作。

① 操作面板。操作面板是操作人员与机床数控系统进行信息交流的工具,它由按钮站、状态站、按键阵列(功能与计算机键盘类似)和显示器组成。数控系统一般采用集成式操作面板,分为三大区域: 显示区、NC 键盘区、机床控制面板区,如图 3－3 所示。

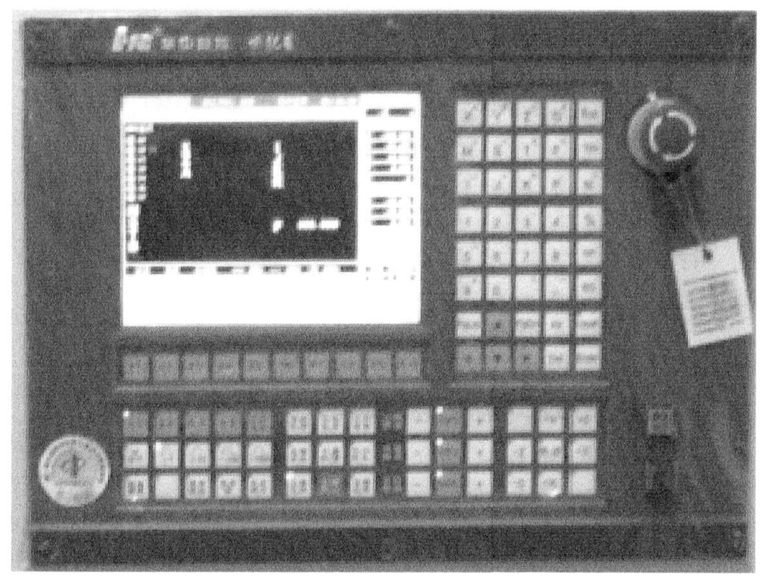

图 3－3　华中世纪星 HNC-21TF 数控系统面板

② 数控系统的接口。计算机数控装置的接口是数控装置与数控系统的功能部件(主轴模块、进给伺服模块、PLC 模块等)和机床进行信息传递、交换和控制的端口,称之为接口。接口在数控系统中占有重要的位置。不同功能模块与数控系统相连接,采用与其相应的输入/输出

(I/O)接口,如图 3 - 4 所示。

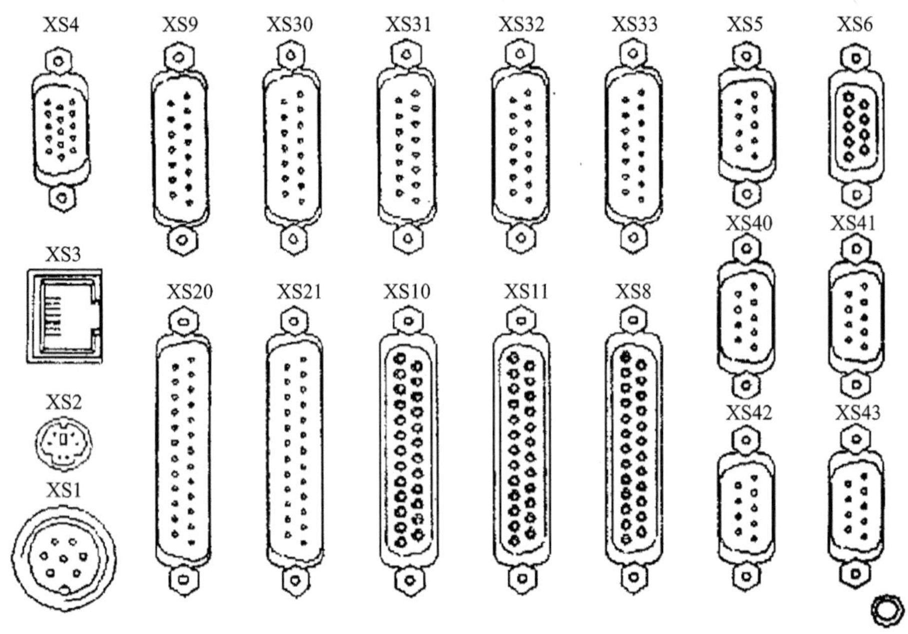

XS1—电源接口;XS2—外接 PC 键盘接;XS3—以太网接口;XS4—软驱接口;XS5—RS232 接口;XS6—扩展 I/O 板接口;XS8—手持单元接口;XS9—主轴控制接口;XS10、XS11—输入开关量接口;XS20、XS21—输出开关量接口;XS30~ XS33—模拟式、脉冲式(含步进式)进给轴控制接口;XS40~ XS43—串行式 HSV - 11 型伺服轴控制接口

图 3 - 4　数控装置的接口

(2) 变频调速主轴单元

变频主轴采用日立 SJ100 - 007HFE 变频器。变频器采用正弦波脉宽调制(PWM)控制,额定输入电压三相交流 380 V,额定输出电流 2.5 A,输出频率范围为 1~360 Hz,适用电机容量 1.75 kW。变频器与数控装置的连接如图 3 - 5 所示。

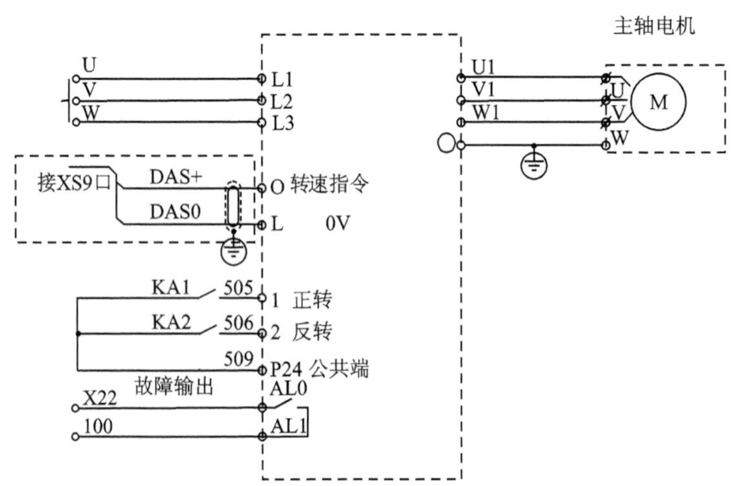

图 3 - 5　变频器与数控装置的连接

(3) 伺服单元

伺服单元分为主轴伺服和进给伺服,分别用来控制主轴电动机和进给电动机。伺服单元接收来自 CNC 装置的进给指令,这些指令经变换和放大后通过驱动装置转变成执行部件进给的速度、方向、位移。因此,伺服单元是数控装置和机床本体的联系环节,它把来自数控装置的微弱指令信号放大成控制驱动装置的大功率信号。试验台采用的伺服驱动单元如下:

① 步进驱动单元。步进驱动器采用深圳雷赛 M535,是细分型高性能步进驱动器,适合驱动中小型的任何两相或四相混合式步进电机。电流控制采用先进的双极型等角度恒力距技术,每秒两万次的斩波频率。在驱动器的侧边装有一排拨码开关组,可以用来选择细分精度,以及设置动态工作电流和静态工作电流。

② 交流伺服驱动单元。交流伺服采用松下伺服驱动器 MSDA103D1A,提供位置控制、速度控制、转矩控制三种控制方式(需设置交流伺服参数,并修改相应连线)。MSDA103D1A 为三相 220 V 输入,输入电流为 2.5 A,输出电流为 2.2 A。数控系统与伺服驱动单元的连接如图 3-6 所示。

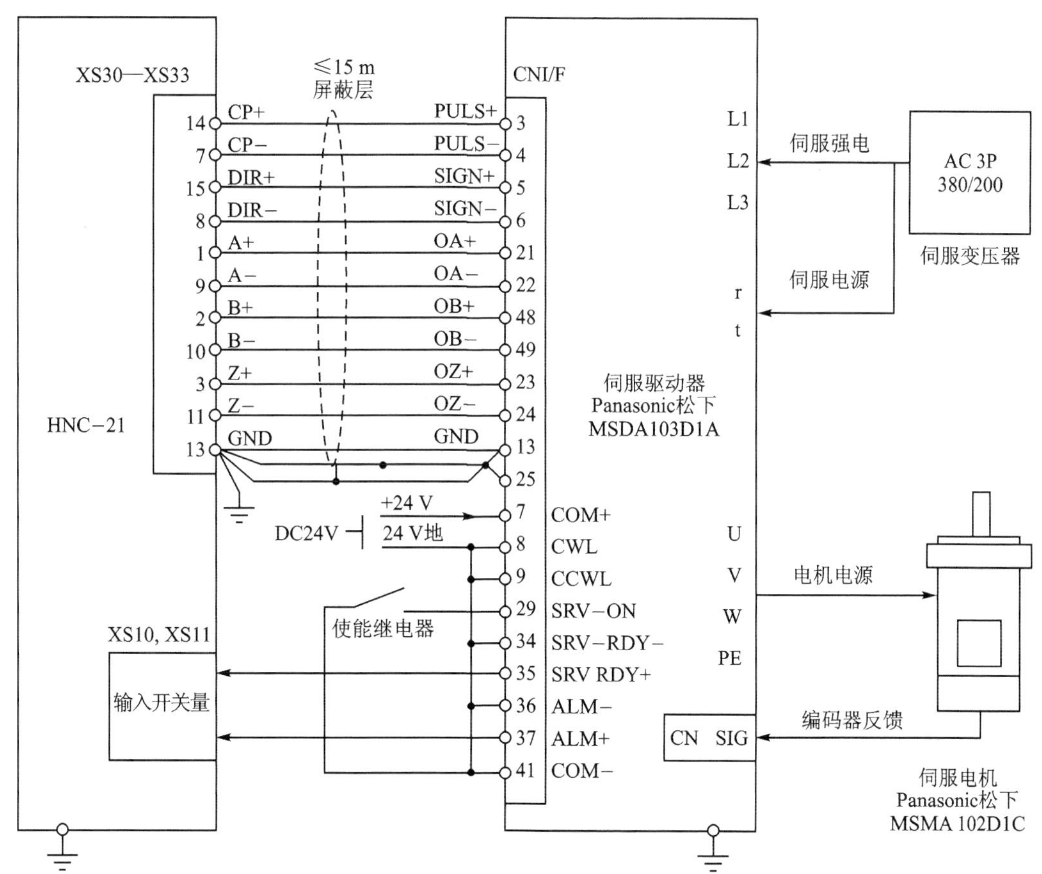

图 3-6　数控系统与伺服驱动器连接图

(4) 驱动装置

驱动装置将伺服单元的输出变为机械运动,它与伺服单元一起是数控装置和机床传动部件间的联系环节,它们有的带动工作台,有的带动刀具,通过几个轴的综合联动,使刀具相对于工件产生各种复杂的机械运动，加工出形状、尺寸与精度符合要求的零件。与伺服单元相对应，驱动装置有步进电机、直流伺服电机和交流伺服电机等。

(5) I/O 装置

I/O 端子板分输入端子板和输出端子板两种，通常作为 HNC－21 数控装置 XS10、XS11、XS20、XS21 接口的转接单元使用，以方便连接及提高可靠性。图 3－7 和图 3－8 分别列出 HNC－21 数控装置的输入端子板和输出端子板的接口图。

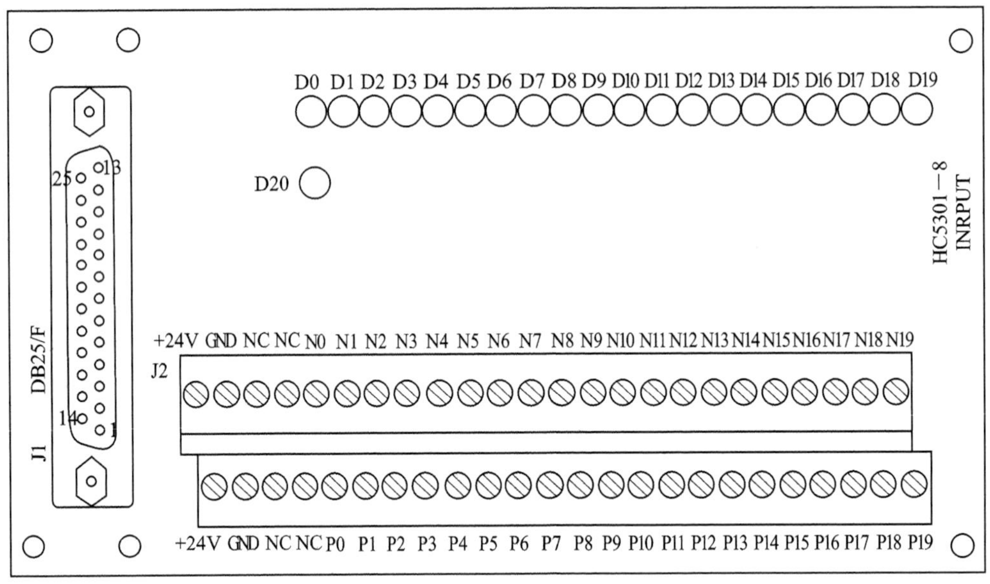

图 3－7　输入端子板接口图

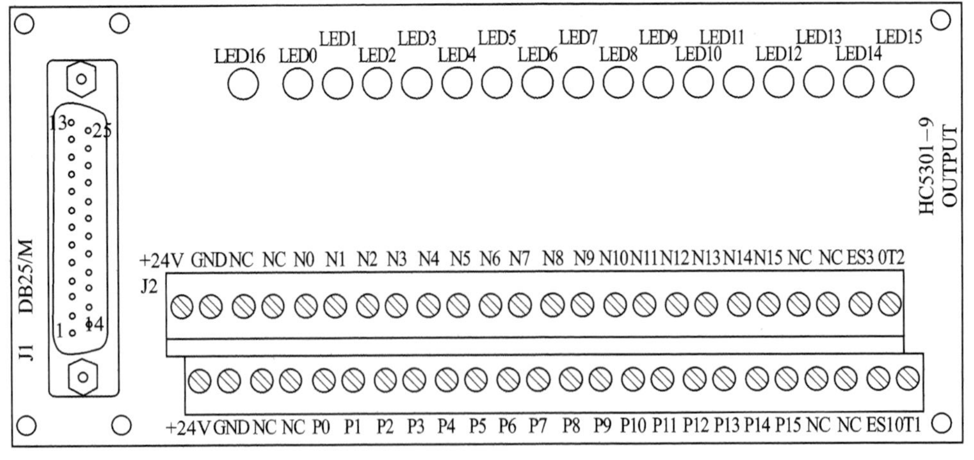

图 3－8　输出端子板接口图

(6) 工作台

XZ 工作台集成了雷赛 57HS13 四相混合式步进电机、MSMA022AC 交流伺服电机、光栅尺、笔架，如图 3－9 所示。机械部分采用滚珠丝杠传动的模块化十字工作台，用于实现目标轨迹和动作。*X* 轴执行装置采用四相混合式步进电机，步进电机没有传感器，不需要反馈，用于实现开环控制。Z 轴执行装置采用交流伺服电机，交流伺服单元和交流伺服电机组成一个速度闭环控制系统。安装在交流伺服电机轴上的增量式码盘充当位置传感器，用于间接测量机械部分的移动距离，可构成一个位置半闭环控制系统；也可用安装在十字工作台上的光栅尺直接测量机械部分移动距离，构成一个位置全闭环控制系统。笔架可绘出工作台的运动轨迹，便于观察数控编程的结果。

(7) 刀　架

系统发出换刀信号，控制继电器动作，电机正转，通过蜗轮、蜗杆、螺杆将销盘上升至一定高度时，离合销进入离合盘槽，离合盘带动离合销，离合销带动销盘，销盘带动上刀体转位，当上刀体转到所需刀位时，霍尔元件电路发出到位信号，电机反转，反靠销进入反靠盘槽，离合销从离合盘槽中爬出，刀架完成粗定位。同时销盘下降端齿合，完成精定位，刀架锁紧。

电动刀架的电气控制分强电和弱电两部分。强电部分由三相电源驱动三相交流异步电动机正、反向旋转，从而实现电动刀架的松开、转位、锁紧等动作。弱电部分主要由位置传感器-发讯盘构成，发讯盘采用霍尔传感器发讯。该数控电动刀架(LDB4)采用三相异步电机，功率为 90 W，转速为 1 300 r/min，如图 3-10 所示。

图 3-9　工作台

图 3-10　四工位旋转刀架

3.2　分组讨论

引导问题：

1. 数控综合实验台由哪几个部分组成？简单描述各个部分的作用。

2. 数控系统常用电气元器件有哪些？简单描述各电气元件的工作原理。

3. 实验台接口有哪些？各个接口的功能是什么？

3.3 制订工作计划

引导问题：为了在较短时间获得更多的学习资源以及资源共享，将本次学习任务分为 3 个部分，各部分由 1～2 个同学分头掌握，然后大家分享。为此需要分两步进行：

3.3.1 相关学习资源的收集

班级： 组别：

序　号	知识点	内　容	资料来源	收集人
1	实验台组成部分及作用			
2	数控系统电气元件及工作原理			
3	数控实验台接口组成及功能			

3.3.2 现场学习与分享

结合数控综合实验台为本组同学现场讲解。

序　号	知识点	讲解人
1	实验台组成部分及作用	
2	数控系统电气元件及工作原理	
3	数控实验台接口组成及功能	

3.4 执行工作计划

3.4.1 相关学习资源的收集

班级： 组别：

序　号	知识点	内　容	资料来源	收集人
1	实验台组成部分及作用			
2	数控系统电气元件及工作原理			
3	数控实验台接口组成及功能			

3.4.2 现场学习与分享

结合数控综合实验台为本组同学现场讲解。

班级：　　　　　　　　　　　　　　　　组别：

序　号	知识点	讲解人	补　充	评分
1	实验台组成部分及作用			
2	数控系统电气元件及工作原理			
3	数控实验台接口组成及功能			

讨论与总结：

3.5　考核与评价

3.5.1　考评各组完成情况

对照实验台实物，分别指出下面各个部件，现场考评学生对其功能和作用进行简单描述的情况。

名　称	型　号	功能描述
变频器		
伺服驱动		
步进驱动		
光栅尺		
断路器		
接触器		
继电器		
变压器		
直流稳压电源		
工作台		
电动刀架		
磁粉制动器		

3.5.2 各成员得分

评价汇总表

序　号	成员姓名	小组得分（50%）	个人得分（25%）	教师评价（25%）	考评结果

注：(1)"小组得分"由实训老师与任课教师共同给予评价；

(2)"个人得分"由小组成员评价；

(3)"教师评价"由任课教师评价。

3.6 总结与提高

1. 记录自己的工作成果。

2. 记录自己的工作失误以及导致失误的原因，如何改进？

3. 根据收集到的信息，评估目的的达成和转化效果，写出小组自评结论。

学习情境四　数控系统连接与调试

工作任务卡

<table>
<tr><td>工作任务</td><td>数控实验台电气连接及调试</td></tr>
<tr><td>任务描述</td><td>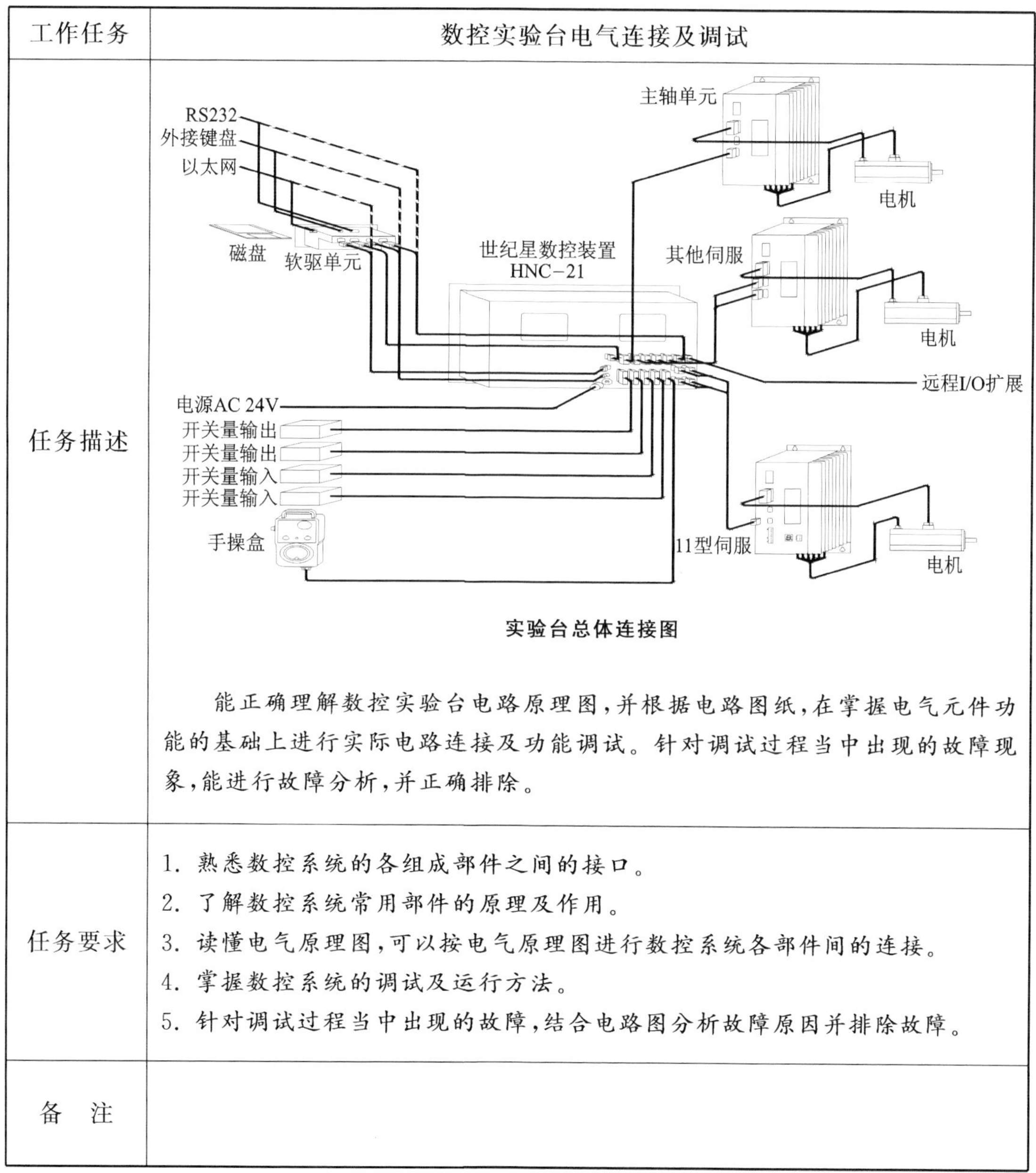

实验台总体连接图

能正确理解数控实验台电路原理图，并根据电路图纸，在掌握电气元件功能的基础上进行实际电路连接及功能调试。针对调试过程当中出现的故障现象，能进行故障分析，并正确排除。</td></tr>
<tr><td>任务要求</td><td>1. 熟悉数控系统的各组成部件之间的接口。
2. 了解数控系统常用部件的原理及作用。
3. 读懂电气原理图，可以按电气原理图进行数控系统各部件间的连接。
4. 掌握数控系统的调试及运行方法。
5. 针对调试过程当中出现的故障，结合电路图分析故障原因并排除故障。</td></tr>
<tr><td>备　注</td><td></td></tr>
</table>

4.1 相关知识点收集

4.1.1 引导问题

应了解哪些必要知识？除下述介绍的基础知识点外，还可通过哪些渠道收集到相关知识？如何分工？

序　号	知识点	内　容	资料来源	收集人

4.1.2 相关基础知识

HED-21S 数控系统综合实验台可实现主轴驱动系统的速度控制，进给伺服驱动系统的开环、半闭环、闭环控制。其主要部件有：由变频器和三相异步电机构成的主轴驱动系统，由交流伺服单元和交流伺服电机构成的进给伺服驱动系统，由步进电机构成的进给伺服驱动系统。电气控制系统原理分为以下几个方面：

1. 电源部分

电源部分接线图如图 4－1 所示。

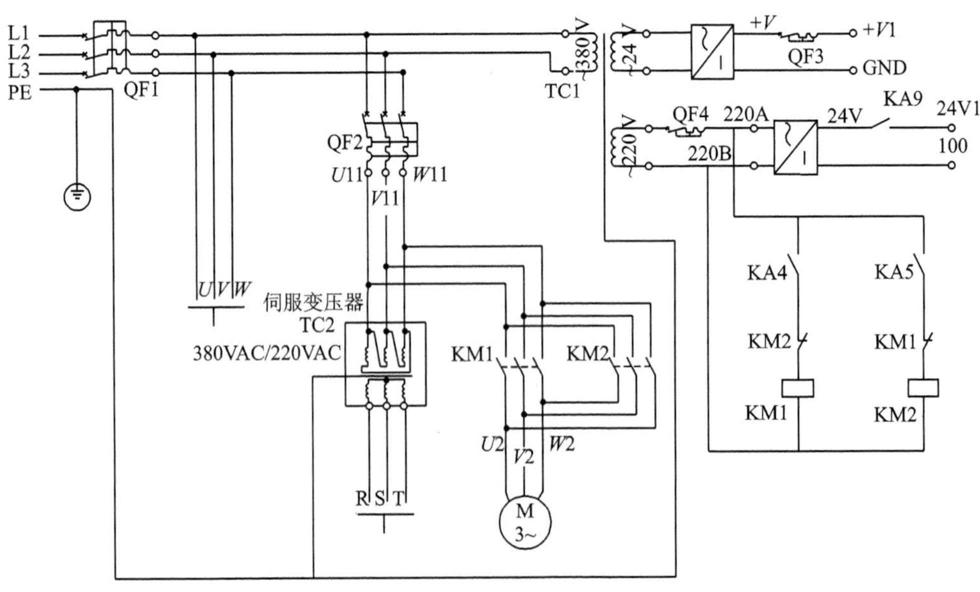

图 4－1　电源部分接线图

2. 继电器与输入/输出开关量

继电器与输入/输出开关量如图 4－2～图 4－5 所示。

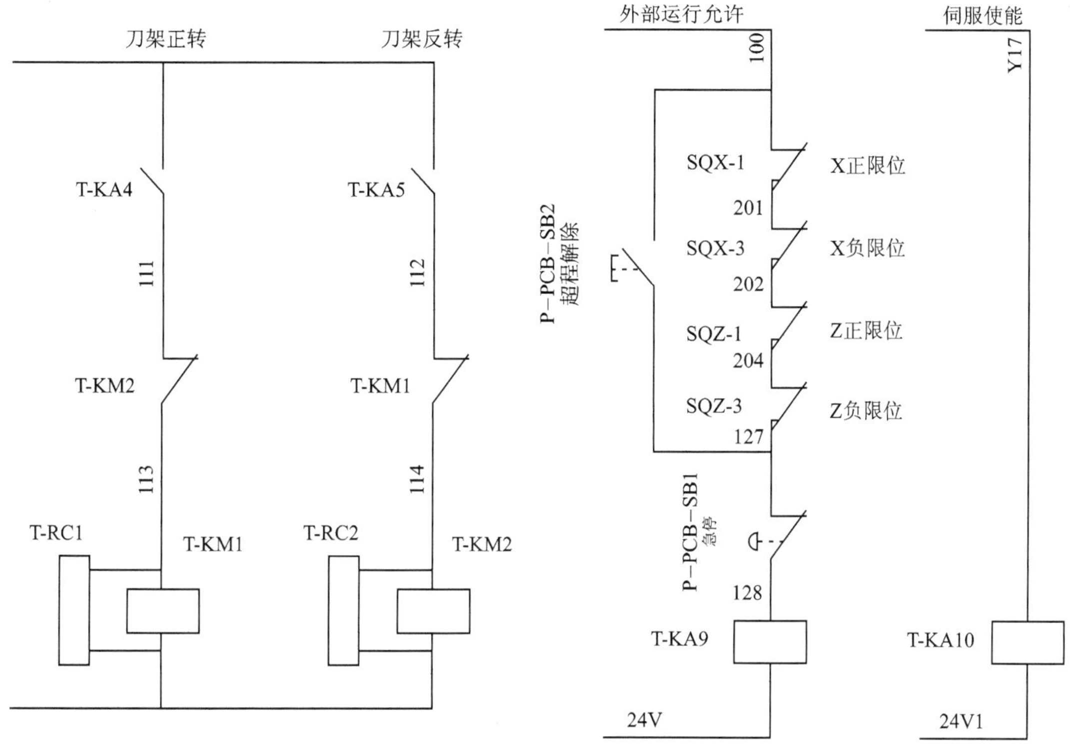

图 4－2　继电器接口图

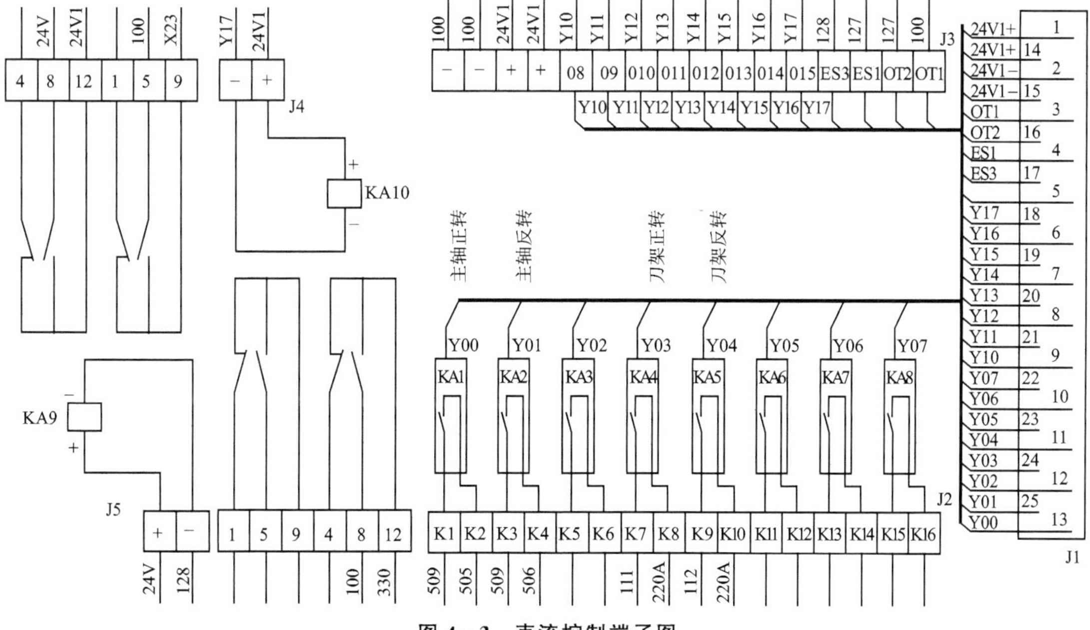

图 4－3　直流控制端子图

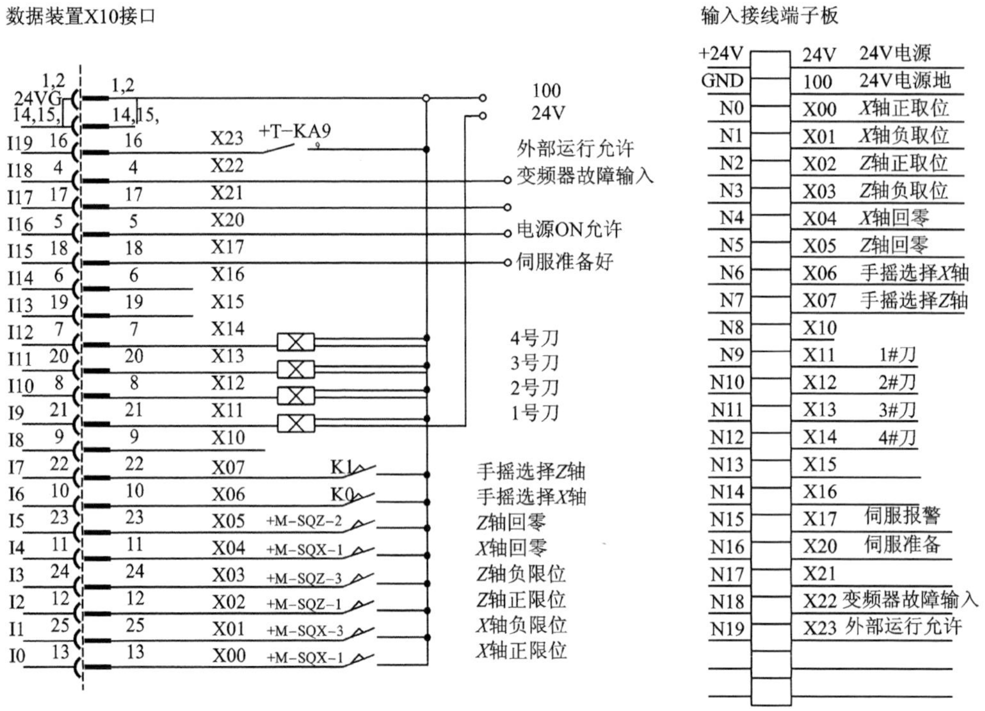

数据装置X10接口

输入接线端子板

1,2 24VG 1,2 — 100
14,15, 14,15, — 24V
I19 16 16 X23 +T-KA9 外部运行允许
I18 4 4 X22 变频器故障输入
I17 17 17 X21
I16 5 5 X20 电源ON允许
I15 18 18 X17 伺服准备好
I14 6 6 X16
I13 19 19 X15
I12 7 7 X14 4号刀
I11 20 20 X13 3号刀
I10 8 8 X12 2号刀
I9 21 21 X11 1号刀
I8 9 9 X10
I7 22 22 X07 K1 手摇选择Z轴
I6 10 10 X06 K0 手摇选择X轴
I5 23 23 X05 +M-SQZ-2 Z轴回零
I4 11 11 X04 +M-SQX-1 X轴回零
I3 24 24 X03 +M-SQZ-3 Z轴负限位
I2 12 12 X02 +M-SQZ-1 Z轴正限位
I1 25 25 X01 +M-SQX-3 X轴负限位
I0 13 13 X00 +M-SQX-1 X轴正限位

+24V — 24V 24V电源
GND — 100 24V电源地
N0 — X00 X轴正取位
N1 — X01 X轴负取位
N2 — X02 Z轴正取位
N3 — X03 Z轴负取位
N4 — X04 X轴回零
N5 — X05 Z轴回零
N6 — X06 手摇选择X轴
N7 — X07 手摇选择Z轴
N8 — X10
N9 — X11 1#刀
N10 — X12 2#刀
N11 — X13 3#刀
N12 — X14 4#刀
N13 — X15
N14 — X16
N15 — X17 伺服报警
N16 — X20 伺服准备
N17 — X21
N18 — X22 变频器故障输入
N19 — X23 外部运行允许

图 4-4 输入开关量接线图

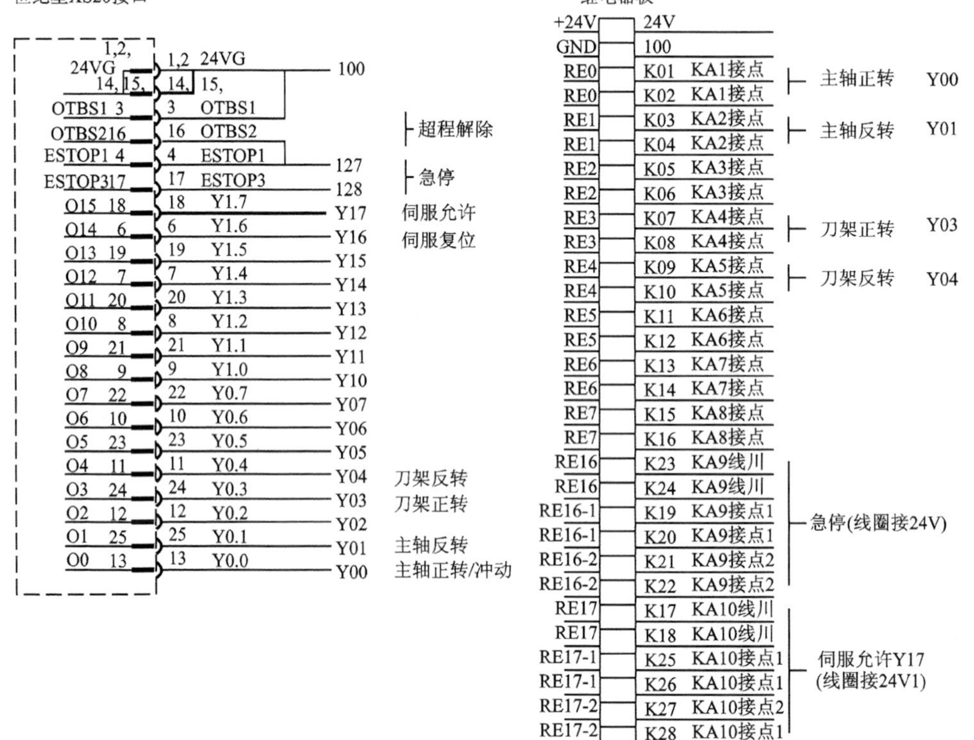

图 4-5 输出开关量接线图

3. 数控装置与主轴连接

数控装置与主轴连接如图 4－6 所示。

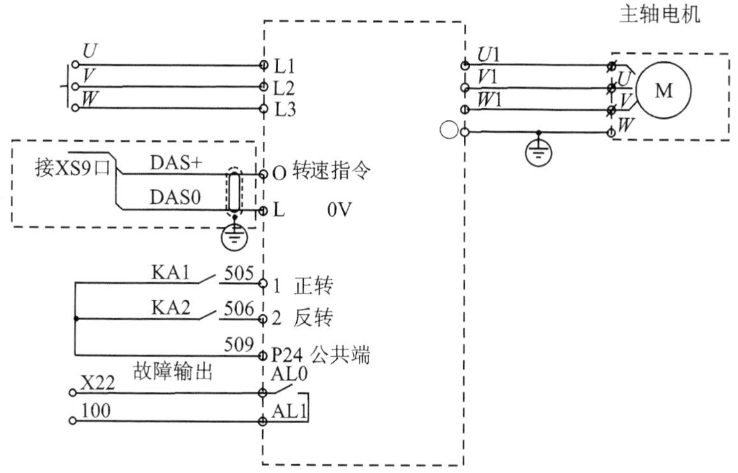

图 4－6 数控装置与主轴连接图

4. 数控装置与步进驱动单元连接

数控装置与步进驱动单元连接如图 4－7 所示。

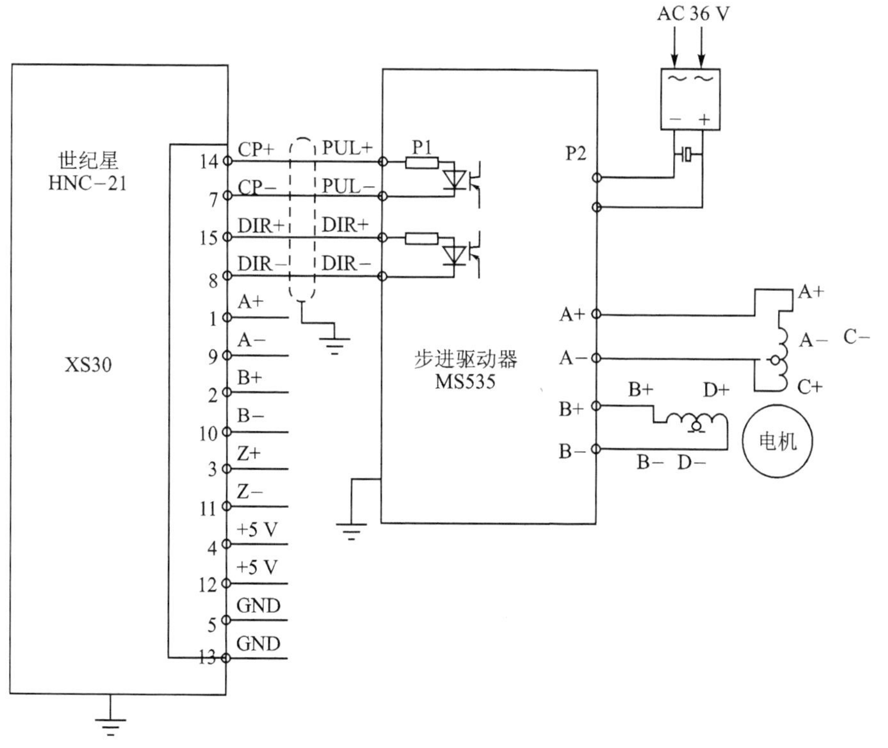

图 4－7 数控装置与步进驱动单元连接图

5. 数控装置与交流伺服驱动单元的连接

数控装置与交流伺服驱动单元的连接如图 4-8 所示。

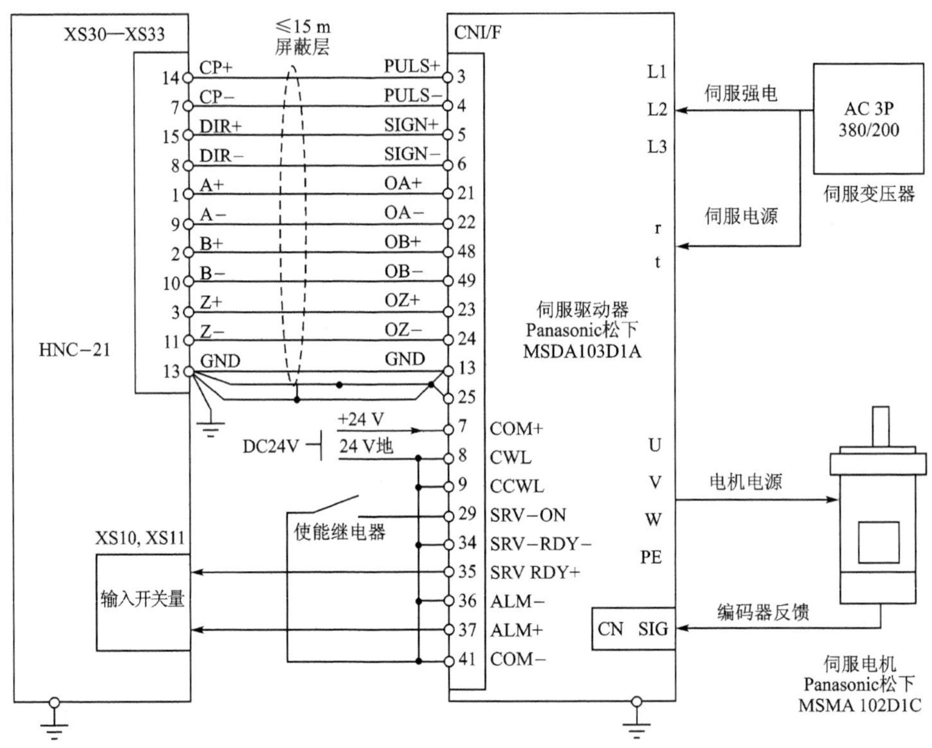

图 4-8　数控装置与交流伺服驱动单元连接图

6. 数控装置与刀架的连接

数控装置与刀架的连接如图 4-9 所示。

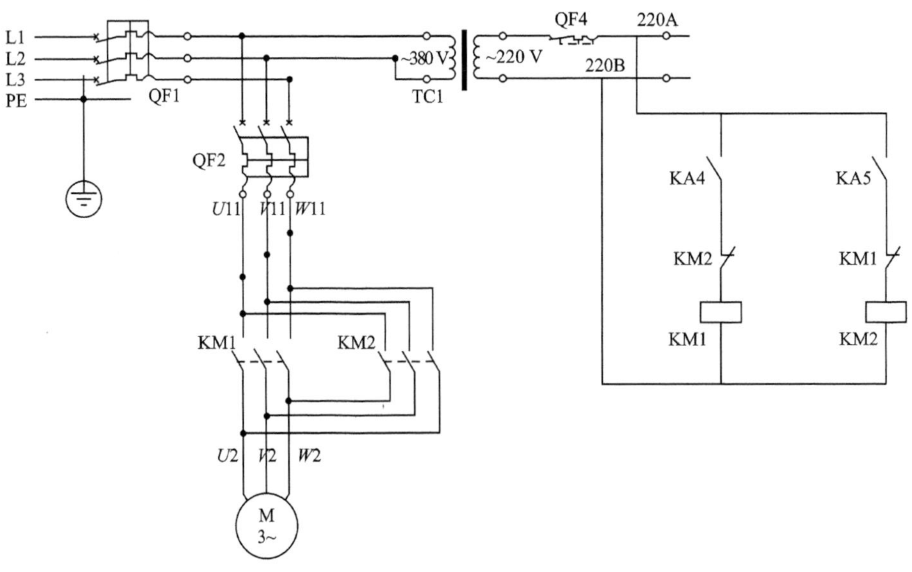

图 4-9　数控装置与刀架连接图

4.2　分组讨论

引导问题：

1. 简述数控综合实验台各组成部分之间的关系。

2. 电气连接过程中有哪些注意事项？

3. 实训应使用的工具有哪些？谁负责借出、保管与归还？

4. 变频器与数控装置的连接信号有哪些？团队如何分工与协作？

5. 步进驱动器与数控装置的连接信号有哪些？团队如何分工与协作？

6. 伺服驱动器与数控装置的连接信号有哪些？团队如何分工与协作？

7. 调试过程中可能会遇到哪些故障？如何排除？

4.3　制订工作计划

引导问题：电气连接、调试前，需要做哪些准备工作？

4.3.1　数控系统连接步骤方案表

步　骤	内　容	分工(责任人)	预期成果及检查项目

4.3.2 实训设备、工具

1. 实训设备

HED-21S数控系统综合实验台。

2. 实训工具

专用连接线一套，万用表一只，扳手、起子等工具一套。

引导问题：这些实训工具、量具及辅料是什么规格？数量各是多少？谁负责领出、保管及归还？

实训工具使用表

序 号	工具名称	规 格	数 量	责任人

4.4 执行工作计划

引导问题：如何实施？实施过程中如何组织与协调？谁负责记录？

4.4.1 数控系统的连接

1. 电源回路的连接

（1）参照《数控综合实验台电气原理图》连接数控系统电源回路，注意不要连接其他电气设备。接完线后仔细复查，确保接线的正确。

（2）断开所有的空气开关，接入三相AC380V电源，用万用表测量QF1进线端的电压是否为380 V。

（3）合上QF1，测量TC1的初级线圈、次级线圈和QF2的进线端电压，测量整流电路输出端的电压(应为+35 V左右)。

（4）合上QF2，测量QF2输出端和TC2初级线圈、次级线圈的电压。

（5）合上QF4，这时开关电源VC1的指示灯亮，测量开关电源VC1的输出电压(应为+24 V)。

（6）断开所有的空气开关，断开380 V电源。

2. 数控系统继电器和输入、输出开关量连接

参照数控系统电气原理图(继电器部分和I/O部分)进行连接。

3. 数控装置和变频主轴的连接

（1）参照数控系统电气原理图(主轴单元)连接主轴变频器和主轴电动机强电电缆。

(2) 连接数控装置和主轴变频器信号线。

(3) 确保地线可靠,且正确地连接。

4. 数控装置和步进电动机驱动器的连接

(1) 参照数控系统电气原理图(步进驱动单元)连接步进电机驱动器和步进电动机。

(2) 连接步进电动机驱动器的电源。

(3) 连接数控装置和步进电动机驱动器。

(4) 确保地线可靠且正确地接地。

5. 数控装置和伺服驱动器的连接

(1) 参照数控系统电气原理图(交流伺服单元)连接交流伺服单元和交流伺服电动机的强电电缆和码盘信号线。

(2) 连接交流伺服单元的电源。

(3) 连接数控装置和交流伺服单元的信号线。

(4) 确保地线可靠且正确地接地。

6. 数控系统刀架电动机的连接

参照数控系统电气原理图(刀架电动机部分)连接刀架电动机,注意刀架电机的正反转控制是通过什么来实现的,刀位的选择由什么实现。

4.4.2　数控系统的调试

1. 通　电

(1) 按下急停按钮,断开系统中所有空气开关。

(2) 合上空气开关 QF1 。

(3) 检查变压器 TC1 电压是否正常。

(4) 合上控制电源 DC 24V 的空气开关 QF4,检查 DC24V 是否正常。HNC-21TF 数控装置通电,检查面板上的指示灯是否点亮,HC5301-8 开关量接线端子和 HC5301-R 继电器板的电源指示灯是否点亮。

(5) 用万用表测量步进驱动器直流电源+V 和 GND 两脚之间电压(应为 DC 35V 左右),合上控制步进驱动器直流电源的空气开关 QF3 。

(6) 合上空气开关 QF2 。

(7) 检查变压器 TC1 的电压是否正常。

(8) 检查设备用到的其他部分电源的电压是否正常。

(9) 通过查看 PLC 状态,检查输入开关量是否和原理图一致。

2. 系统功能检查

(1) 左旋并拔起操作台右上角的“急停”按钮,使系统复位;系统默认进入“手动”方式,软件操作界面的工作方式变为“手动”。

(2) 按住“+X ”或“ −X ”键(指示灯亮),*X* 轴应产生正向或负向的连续移动。松开“+X ”或“−X ”键(指示灯灭),*X* 轴即减速运动后停止。以同样的操作方法使用“+Z ”、“ −Z”键可使 *Z* 轴产生正向或负向的连续移动。

(3) 在手动工作方式下,分别点动 *X* 轴、*Z* 轴,使之压限位开关。仔细观察它们是否能压到限位开关，若到位后压不到限位开关，应立即停止点动；若压到限位开关，仔细观察轴是否立即停止运动，软件操作界面是否出现急停报警，这时一直按压“超程解除”按键，使该轴向相反方向退出超程状态。然后松开“超程解除”按键，若显示屏上运行状态栏“运行正常”取代了“出错”，表示恢复正常，可以继续操作。检查完 X 轴、Z 轴正、负限位开关后，以手动方式将工作台移回中间位置。

(4) 按一下“回零”键，软件操作界面的工作方式变为“回零”。按一下“+X”和“+Z ”键，检查 X 轴、Z 轴是否回参考点。回参考点后，“ +X ”和“ +Z ”指示灯应点亮。

(5) 在手动工作方式下，按一下“主轴正转”键(指示灯亮)，主轴电动机以设定的转速正转，检查主轴电动机是否运转正常；按住“主轴停止”键，使主轴停止正转。按一下“主轴反转”键(指示灯亮)，主轴电动机以设定的转速反转，检查主轴电动机是否运转正常。按住“主轴停止”键，使主轴停止反转。

(6) 在手动工作方式下，按一下“刀号选择”键，选择所需的刀号；再按一下“刀位转换”键，转塔刀架应转动到所选的刀位。

(7) 调入一个演示程序，自动运行程序，观察十字工作台的运行情况。

3. 关 机

(1) 按下控制面板上的“急停”按钮。

(2) 断开空气开关 QF2 、QF3 。

(3) 断开空气开关 QF4 。

(4) 断开空气开关 QF1 ，断开 380V 电源。

4.5 考核与评价

4.5.1 考评各组完成情况

序 号	考核项目	评分细则	完成时间	得 分
1	电源的连接	1. 数控系统能正常启动； 2. 各元件工作指示灯能正常点亮		
2	数控装置和变频主轴的连接	1. 主轴电机能实现正反转和停止； 2. 主轴电机转速可调； 3. 电机故障信号能准确输出并显示		
3	数控装置和步进电动机驱动器的连接	1. 步进电机正常运转，不出现丢步； 2. 步进电机拨码开关正确设置		
4	数控装置和伺服驱动器的连接	1. 伺服电机正常运转； 2. 电机反馈信号能准确送回		
5	数控系统刀架电动机的连接	1. 刀架能准确选择刀位； 2. 刀架到位后能迅速停止并锁住		

4.5.2　各成员得分

评价汇总表

序　号	成员姓名	小组得分（50%）	个人得分（25%）	教师评价（25%）	考评结果

注：（1）“小组得分”由实习指导教师给予评价；

（2）“个人得分”由小组成员评价；

（3）“教师评价”由任课教师评价。

4.6　总结与提高

1. 记录自己的工作成果。

2. 记录自己的工作失误以及导致失误的原因，如何改进？

3. 根据收集到的信息，评估目的的达成和转化效果，写出小组自评结论。

学习情境五　步进电机调试及故障设置

工作任务卡

<table>
<tr><td>工作任务</td><td>1. 熟悉步进电机运行原理及其驱动系统的连接。
2. 掌握步进电机性能特性及其调试的基本方法。</td></tr>
<tr><td>任务描述</td><td>步进电机

1. 世纪星 HNC-21TF 配步进电机时的参数设置。
2. M535 步进电机驱动器参数设置。
3. 步进驱动装置的几种故障设置实验</td></tr>
<tr><td>任务要求</td><td>1. 了解步进电机的工作原理及组成。
2. 根据图纸,结合步进电机工作原理接线。
3. 根据图纸,结合步进电机的接线特点及原理设置故障。
4. 熟悉步进电机驱动装置的接线方法。
5. 根据图纸,结合机床对步进电机驱动参数进行设置。</td></tr>
<tr><td>备　注</td><td></td></tr>
</table>

5.1　相关知识点收集

5.1.1　引导问题

应了解哪些必要知识？除下述介绍的基本知识点外，还可通过哪些渠道收集到相关知识？如何分工？

序　号	知识点	内　容	资料来源	收集人

5.1.2　相关基础知识

1. 世纪星 HNC-21TF 配步进电机时的参数设置

数控系统控制步进驱动器时，需对系统参数进行必要的设置，才能够正常地控制步进驱动器，按表 5－1 所列对步进电机有关参数设置坐标轴参数，按表 5－2 所列设置硬件参数。

表 5－1　坐标轴参数

参数名	参数值	参数名	参数值
外部脉冲当量分子	25	伺服内部参数[0]	步进电机拍数 4
外部脉冲当量分母	256	伺服内部参数[3][4][5]	0
伺服驱动型号	46	快移加减速时间常数	100
伺服驱动部件号	0	快移加速度时间常数	64
最大跟踪误差	0	加工加减速时间常数	100
电机每转脉冲数	200	加工加速度时间常数	64

表 5－2　硬件配置参数

参数名	型　号	标　识	地　址	配置[0]	配置[1]
部件 0	5301	46(不带反馈)	0	0	0

2. M535 步进电机驱动器参数设置

(1) 步进电机驱动器细分数的设定

细分驱动器往往用来减少噪声和提高电机轴输出的平稳性，本驱动器提供 2－256 细分。

根据表 5－3 所列，对驱动器所采用的细分数进行设定，拨码开关 5、6、7、8 可以选择驱动器的电流大小，表 5－3 列出拨码不同的状态对应不同细分数。

(2) 步进电机驱动器的电流选择

实验台所使用的步进驱动器可以通过本身的拨码开关来选择电机的相电流。表 5-4 是拨码开关不同的状态对应的电机相电流的大小。

表 5-3 拨码开关细分状态

拨码名称 / 细分倍数	SW5	SW6	SW7	SW8
2	1	1	1	1
4	1	0	1	1
8	1	1	0	1
16	1	0	0	1
32	1	1	1	0
64	1	0	1	0
128	1	1	0	0
256	1	0	0	0

表 5-4 拨码开关对应电流

拨码名称 / 电流值/A	SW1	SW2	SW3
1.3	1	1	1
1.6	0	1	1
1.9	1	0	1
2.2	0	0	1
2.5	1	1	0
2.9	0	1	0
3.2	1	0	0
3.5	0	0	0

3. 步进驱动装置的几种故障设置实验

步进驱动装置的几种故障设置实验如表 5-5 所列。

表 5-5 步进驱动装置的几种故障实验

序　号	故障设置方法
1	将步进电机驱动器电源线 A+与 A-进行互换，进入系统手动让 X 轴运行，观察故障现象
2	将步进驱动器的电流设定值调到最小，运行 X 轴与正常情况下进行比较
3	将 X 轴的指令线中的 CP+与 CP-进行互换，运行 X 轴与正常情况下进行比较
4	将 X 轴的指令线中的 DIR+与 DIR-进行互换，运行 X 轴与正常情况下进行比较
5	将 X 轴的指令线中的 DIR+与 DIR-任意取消一根，运行 X 轴与正常情况下进行比较
6	只将线圈 A、B 与步进驱动器连接，将 C、D 两线圈与驱动器断开，运行 X 轴，观察现象
7	只将线圈 A、C 与步进驱动器连接，将 B、D 两线圈与驱动器断开，运行 X 轴，观察现象

5.2　分组讨论

引导问题：

1. 步进电机有哪些种类？

2. 步进电机采用了什么工作原理？

3. 步进电机驱动系统如何连线？

4. 步进电机有哪些优、缺点？

5. 步进电机有哪些基本调试方法？

6. 步进驱动的参数如何设置，都有何含义？

5.3　制订工作计划

引导问题：为了在较短的时间内获得更多的学习资源，将本次学习任务分为 6 个部分，各部分由 1～2 个同学分头收集资料，然后大家资源共享。为此需要分两步进行：

5.3.1　相关学习资源的收集

班级：　　　　　　　　　　　　　　　　　组别：

序　号	知识点	内　容	资料来源	收集人
1	步进电机的类型			
2	步进电机的工作原理			
3	步进电机驱动系统连线			
4	步进电机的优、缺点			
5	步进电机的基本调试方法			
6	步进驱动的参数设置及含义			

5.3.2 现场学习与分享

结合步进电机系统实物为本组同学现场讲解。

序　号	知识点	讲解人
1	步进电机的类型	
2	步进电机的工作原理	
3	步进电机驱动系统连线	
4	步进电机的优、缺点	
5	步进电机的基本调试方法	
6	步进驱动的参数设置及含义	

5.4 执行工作计划

5.4.1 相关学习资源的收集

班级：　　　　　　　　　　　　　　　　　　组别：

序　号	知识点	内　容	资料来源	收集人	得　分
1	步进电机的类型				
2	步进电机的工作原理				
3	步进电机驱动系统连线				
4	步进电机的优、缺点				
5	步进电机的基本调试方法				
6	步进驱动的参数设置及含义				

5.4.2 现场学习与分享

结合实习厂机床为本组同学现场讲解：

班级：　　　　　　　　　　　　　　　　　　组别：

序　号	知识点	讲解人	补　充	评　分
1	步进电机的类型			
2	步进电机的工作原理			
3	步进电机驱动系统连线			
4	步进电机的优、缺点			
5	步进电机的基本调试方法			
6	步进驱动的参数设置及含义			

讨论与总结：

5.5　考核与评价

评价汇总表

序　号	成员姓名	小组得分（50%）	个人得分（25%）	教师评价（25%）	考评结果

注：(1)“小组得分”由实习厂老师与任课教师共同给予评价；
(2)“个人得分”由小组成员评价；
(3)“教师评价”由任课教师评价。

5.6　总结与提高

1. 记录自己的工作成果。

2. 记录自己的工作失误以及导致失误的原因，如何改进？

3. 根据收集到的信息，评估目的的达成和转化效果，写出小组自评结论。

附表 5-1 步进电机控制系统主要故障及诊断

故障现象	故障原因
电动机不运转	(1) 驱动器无直流供电电压； (2) 驱动器保险丝熔断； (3) 驱动器报警（过电压、欠电压、过电流、过热）； (4) 驱动器与电动机连线断开； (5) HNC-21TF 数控系统轴参数设置不当； (6) 驱动器使能信号被封锁； (7) 接口信号线接触不良； (8) 指令脉冲太窄、频率过高、脉冲电平太低
电动机启动后堵转	(1) 指令频率太高； (2) 负载转矩太大； (3) 加速时间太短； (4) 负载惯量太大； (5) 直流电源电压降低
电动机运转不均匀，有抖动	(1) 指令脉冲不均匀； (2) 指令脉冲太窄； (3) 指令脉冲电平不正确； (4) 指令脉冲电平与驱动器不匹配； (5) 脉冲信号存在噪声； (6) 脉冲频率与机械发生共振
电动机运转不规则，正、反转地摇摆	指令脉冲频率与电动机发生共振
电动机定位不准	(1) 加、减速时间太短； (2) 存在干扰噪声； (3) 系统屏蔽不良

学习情境六　交流伺服系统调整及使用

工作任务卡

<table>
<tr><td>工作任务</td><td>1. 熟悉交流伺服系统的构成及原理，熟悉交流伺服电机的动态特性及基本参数调整。
2. 掌握交流伺服电机及驱动器的性能。</td></tr>
<tr><td>任务描述</td><td>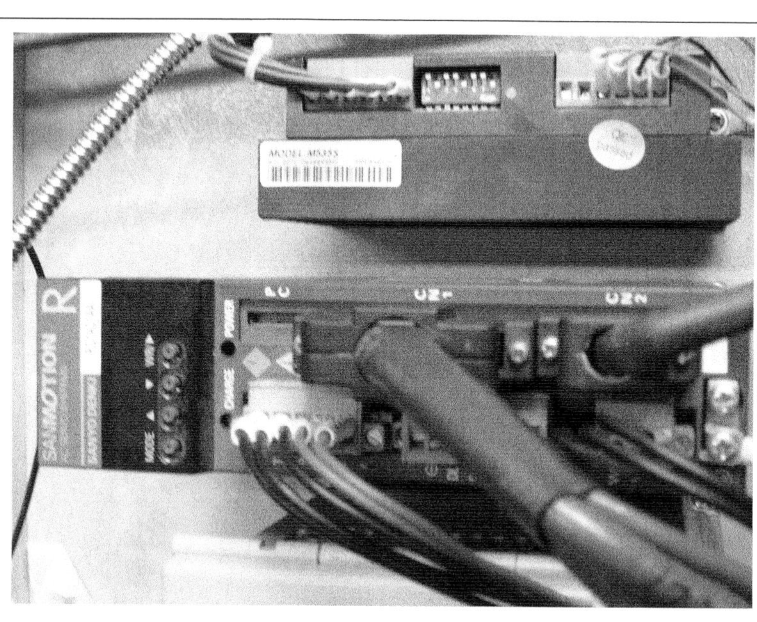

交流伺服接线
1. 交流伺服驱动装置的参数设置。
2. 交流伺服系统的结构及原理分析。
3. 交流伺服电机的动态特性分析。</td></tr>
<tr><td>任务要求</td><td>1. 有交流电机方面的基础知识。
2. 了解交流伺服电机的工作原理及组成。
3. 根据交流伺服驱动说明书，能对伺服驱动装置进行参数设置。
4. 熟悉交流伺服电机的接线方法。
5. 根据交流伺服说明书，会使用交流伺服系统。</td></tr>
<tr><td>备　注</td><td></td></tr>
</table>

6.1 相关知识点收集

6.1.1 引导问题

应了解哪些必要知识？除下述介绍的基础知识外，还可通过哪些渠道收集到相关知识？如何分工？

序　号	知识点	内　容	资料来源	收集人

6.1.2 相关基础知识

1. 世纪星 HNC－21TF 配伺服驱动时的参数设置

数控系统控制伺服驱动器时，需要对系统参数进行必要的设置，才能够正常地控制伺服驱动器，按表 6－1 所列对伺服电机有关参数设置坐标轴参数，按表 6－2 所列设置硬件参数。

表 6－1　坐标轴参数

参数名	参数值	参数名	参数值
外部脉冲当量分子	5	伺服内部参数[1]	1
外部脉冲当量分母	2	伺服内部参数[2]	1
伺服驱动型号	45	伺服内部参数[3] [4] [5]	0
伺服驱动器部件号	2	快移加减速时间常数	100
最大定位误差	20	快移加速度时间常数	64
最大跟踪误差	12 000	加工加减速时间常数	100
电机每转脉冲数	2 000	加工加速度时间常数	64
伺服内部参数[0]	0		

表 6－2　硬件配置参数

参数名	型　号	标　识	地　址	配置[0]	配置[1]
部件 0	5301	带反馈 45	0	50	0

2. 交流伺服系统构成

图 6－1 所示是交流伺服系统的电器原理图，从图中可以看出它是由整流电路、驱动电路、开关电源、保护电路及控制电路组成。

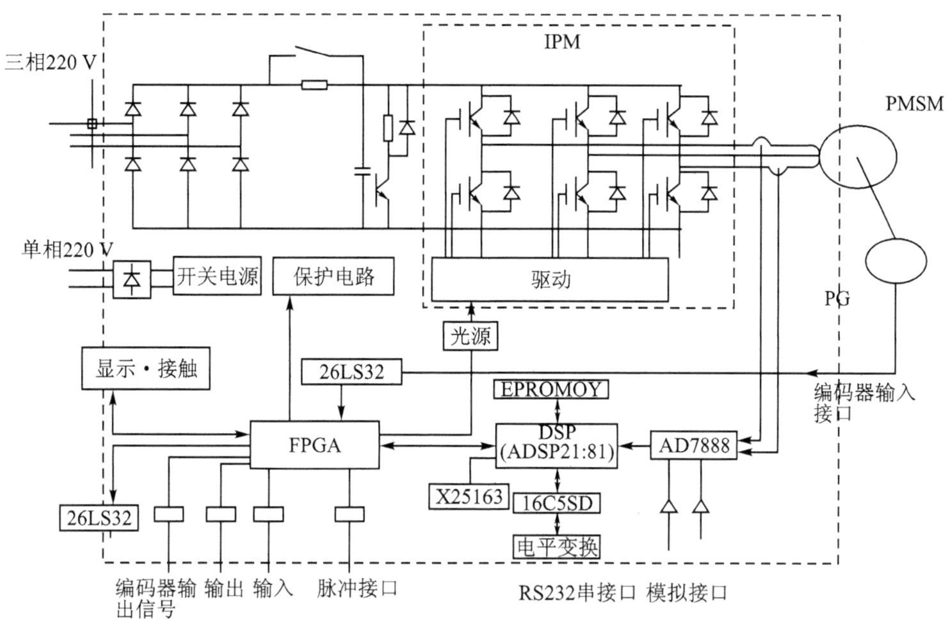

图 6-1 伺服系统构成

3. 伺服电机控制回路

图 6-2 所示是伺服系统的外部连线电器原理图，通过它可完成伺服电机、伺服系统、电源的布线。

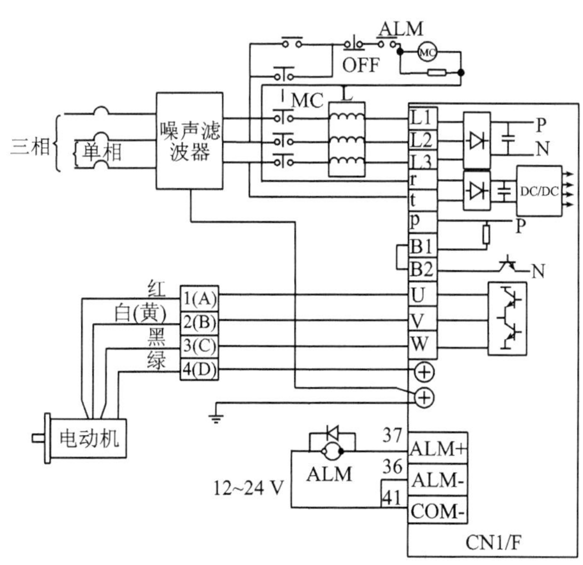

图 6-2 伺服系统电路连接

4. 伺服驱动器面板操作

实验台所选用的三洋驱动器操作面板有 5 个按键,其功能如表 6-3 所列。

表 6-3　驱动器操作面板按键说明

键　名	标　志	输入时间	功　能
确认键	WR	1 s 以上	确认选择和写入后的编辑数据
光标键	▶	1 s 以内	选择光标位
上键	▲	1 s 以内	在正确的光标位置按键改变数据,当按下一秒或更长时间,数据上下移动
下键	▼	1 s 以内	
模式键	MODE	1 s 以内	选择显示模式

6.2　分组讨论

引导问题:

1. 交流伺服电机有哪些种类?

2. 交流伺服电机采用了什么工作原理?

3. 交流伺服驱动装置的工作原理是什么?

4. 交流伺服驱动装置与交流伺服电机是如何进行信息传输的?

5. 交流伺服驱动装置的参数如何设置?

6. 交流伺服电机为什么没有星形与三角形连接的选择?

6.3　制订工作计划

引导问题：为了在较短的时间内获得更多的学习资源，将本次学习任务分为6个部分，各部分由1～2个同学分头收集资料，然后大家资源共享。为此需要分两步进行：

6.3.1　相关学习资源的收集

班级：　　　　　　　　　　　　　　　　组别：

序　号	知识点	内　容	资料来源	收集人
1	交流伺服电机的类型			
2	交流伺服电机的工作原理			
3	交流伺服驱动装置的工作原理			
4	交流伺服驱动装置与电机通信			
5	交流伺服驱动装置参数设置			
6	交流伺服电机有无星形-三角形接线选择			

6.3.2　现场学习与分享

结合交流伺服电机系统实物为本组同学现场讲解。

序　号	知识点	讲解人
1	交流伺服电机的类型	
2	交流伺服电机的工作原理	
3	交流伺服驱动装置的工作原理	
4	交流伺服驱动装置与电机通信	
5	交流伺服驱动装置参数设置	
6	交流伺服电机有无星形-三角形接线选择	

6.4 执行工作计划

6.4.1 相关学习资源的收集

班级：　　　　　　　　　　　　　　　　　　　　　　　　　　　　　　组别：

序　号	知识点	内　容	资料来源	收集人	得　分
1	交流伺服电机的类型				
2	交流伺服电机的工作原理				
3	交流伺服驱动装置的工作原理				
4	交流伺服驱动装置与电机通信				
5	交流伺服驱动装置参数设置				
6	交流伺服电机有无星形-三角形接线选择				

6.4.2 现场学习与分享

结合实习厂机床为本组同学现场讲解：

班级：　　　　　　　　　　　　　　　　组别：

序　号	知识点	讲解人	补　充	评　分
1	交流伺服电机的类型			
2	交流伺服电机的工作原理			
3	交流伺服驱动装置的工作原理			
4	交流伺服驱动装置与电机通信			
5	交流伺服驱动装置参数设置			
6	交流伺服电机有无星形-三角形接线选择			

讨论与总结：

6.5　考核与评价

评价汇总表

序　号	成员姓名	小组得分 （50%）	个人得分 （25%）	教师评价 （25%）	考评结果

注：(1)“小组得分”由实习厂老师与任课教师共同给予评价；

(2)“个人得分”由小组成员评价；

(3)“教师评价”由任课教师评价。

6.6　总结与提高

1. 记录自己的工作成果。

2. 记录自己的工作失误以及导致失误的原因，如何改进？

3. 根据收集到的信息，评估目的的达成和转化效果，写出小组自评结论。

学习情境七　变频调速系统的构成、调整和使用

工作任务卡

<table>
<tr><td>工作任务</td><td>1. 熟悉变频调速系统的构成、调整。
2. 掌握变频调速系统的使用方法。</td></tr>
<tr><td>任务描述</td><td> 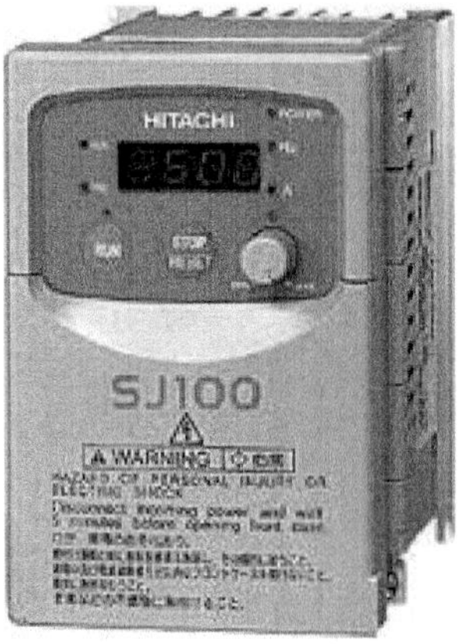SJ100 变频器

1. 变频器的参数设置。
2. 变频电机的接线方法。
3. 变频器的接线方法</td></tr>
<tr><td>任务要求</td><td>1. 有计算机方面的基础知识。
2. 根据变频器说明书，能对变频器接线。
3. 根据说明书，能对变频器进行参数设置。
4. 熟悉变频器的结构。
5. 熟悉变频器的工作原理及使用。</td></tr>
<tr><td>备　注</td><td></td></tr>
</table>

7.1 相关知识点收集

7.1.1 引导问题

应了解哪些必要知识？除下述介绍的基础知识外，还可通过哪些渠道收集到相关知识？如何分工？

序　号	知识点	内　容	资料来源	收集人

7.1.2 相关基础知识

1. SJ100－007HFE 变频器面板的认识

SJ100 变频器面板如图 7－1 所示。操作面板的各个按键的作用定义如下：

RUN：给变频器提供一个运行的指令；

STOP：给变频器提供一个停止运行的指令；

FUN：功能键，修改变频器时，可以选择参数模式以及在设置参数时使用；

▲：修改参数时增大参数值；

▼：修改参数时减小参数值；

STR：可以对变频器的修改参数进行保存；

电位器：操作者可以通过此电位器来改变变频器的输入模拟电压指令。

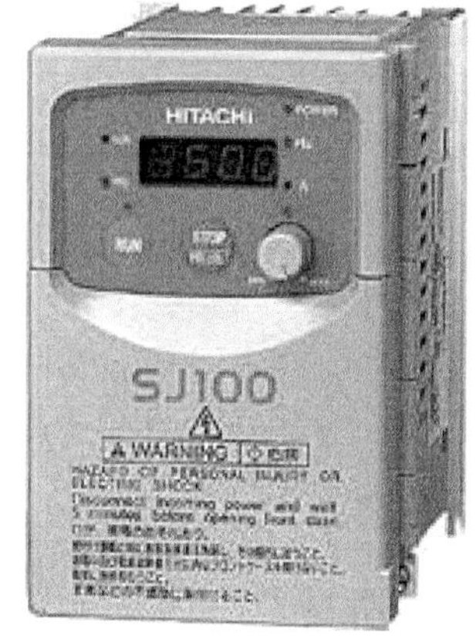

图 7－1　SJ100 变频器面板

2. 变频器常见功能参数

SJ100－007HFE 变频器参数主要分为以下几组：

D 组：监视功能参数。无论变频器处在运行还是停止状态，都可以使用本组参数来获取系统的重要参数，如电机电流、输出频率、旋转方向等。

F 组：主要常用参数。用来设定变频器的常用参数，如加减速时间常数、电机输出频率等。

A 组：标准功能参数的设定。如变频器控制方式的选择、输出最大频率的限定、控制特性的选择等。

B 组：微调功能参数。可以调节变频器控制系统与电机匹配上的一些细微功能，如重启的方式、报警功能的设置等。

C 组：智能端子功能。如主轴正反转、多段速度选择等功能端子的定义等。

H 组：电机相关参数设置及无传感器矢量功能参数设置。

3. 主轴变频驱动端子连接图

主轴变频驱动端子连接如图 7－2 所示。

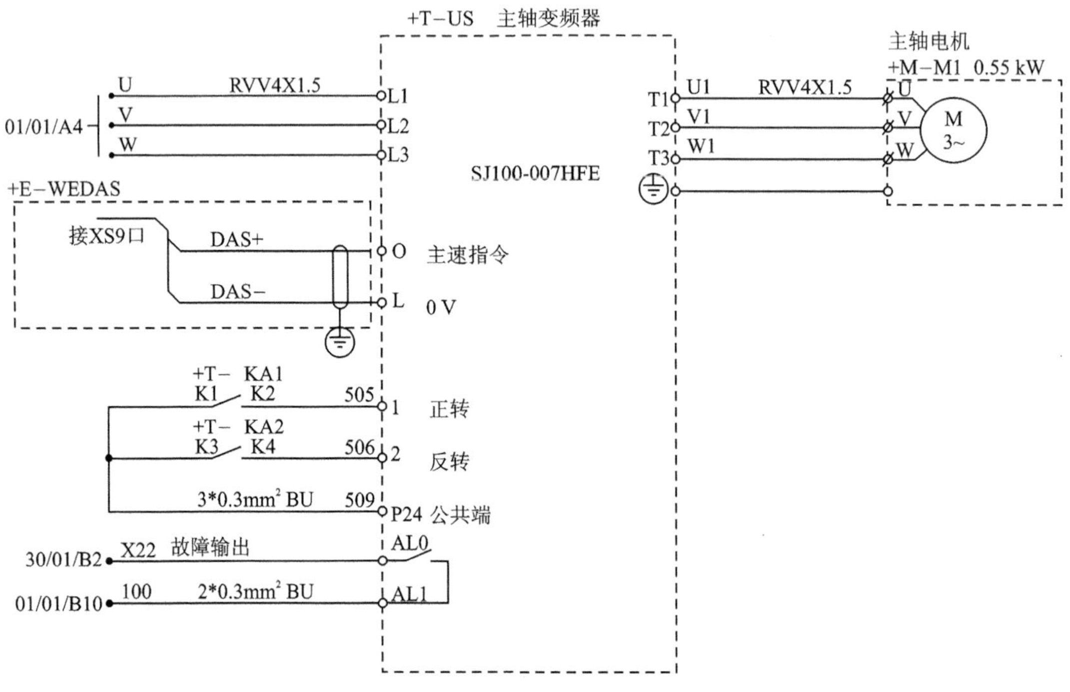

图 7－2　主轴变频驱动端子连接图

7.2　分组讨论

引导问题：

1. 变频器有哪些控制方式？

2. 变频器的参数如何设置？

3. 对变频器系统的操作步骤如何？

4. 变频器常见故障有哪些？

5. 三相异步电机的常见故障有哪些？

6. 有关变频器的CNC参数如何设置？

7.3 制订工作计划

引导问题：为了在较短的时间内获得更多的学习资源，将本次学习任务分为6个部分，各部分由1～2个同学分头收集资料，然后大家资源共享。为此需要分两步进行：

7.3.1 相关学习资源的收集

班级：　　　　　　　　　　　　　　　组别：

序　号	知识点	内　容	资料来源	收集人
1	变频器的控制方式			
2	变频器的参数设置			
3	变频器的操作步骤			
4	变频器的常见故障			
5	三相异步电机的常见故障			
6	与变频器相关的CNC参数设置			

7.3.2 现场学习与分享

结合变频器实物为本组同学现场讲解。

序　号	知识点	讲解人
1	变频器的控制方式	
2	变频器的参数设置	
3	变频器的操作步骤	
4	变频器的常见故障	
5	三相异步电机的常见故障	
6	与变频器相关的CNC参数设置	

7.4 执行工作计划

7.4.1 相关学习资源的收集

班级：　　　　　　　　　　　　　　　　　　　组别：

序号	知识点	内容	资料来源	收集人	得分
1	变频器的控制方式				
2	变频器的参数设置				
3	变频器的操作步骤				
4	变频器的常见故障				
5	三相异步电机的常见故障				
6	与变频器相关的CNC参数设置				

7.4.2 现场学习与分享

结合实习厂机床为本组同学现场讲解。

班级：　　　　　　　　　　　　　　　　组别：

序　号	知识点	讲解人	补　充	评　分
1	变频器的控制方式			
2	变频器的参数设置			
3	变频器的操作步骤			
4	变频器的常见故障			
5	三相异步电机的常见故障			
6	与变频器相关的CNC参数设置			

讨论与总结：

7.5　考核与评价

评价汇总表

序　号	成员姓名	小组得分（50%）	个人得分（25%）	教师评价（25%）	考评结果

注：(1)“小组得分”由实习厂老师与任课教师共同给予评价；

(2)“个人得分”由小组成员评价；

(3)“教师评价”由任课教师评价。

7.6　总结与提高

1. 记录自己的工作成果。

2. 记录自己的工作失误以及导致失误的原因，如何改进？

3. 根据收集到的信息，评估目的的达成和转化效果，写出小组自评结论。

学习情境八　HNC－21TF 数控系统的操作及编程实例

工作任务卡

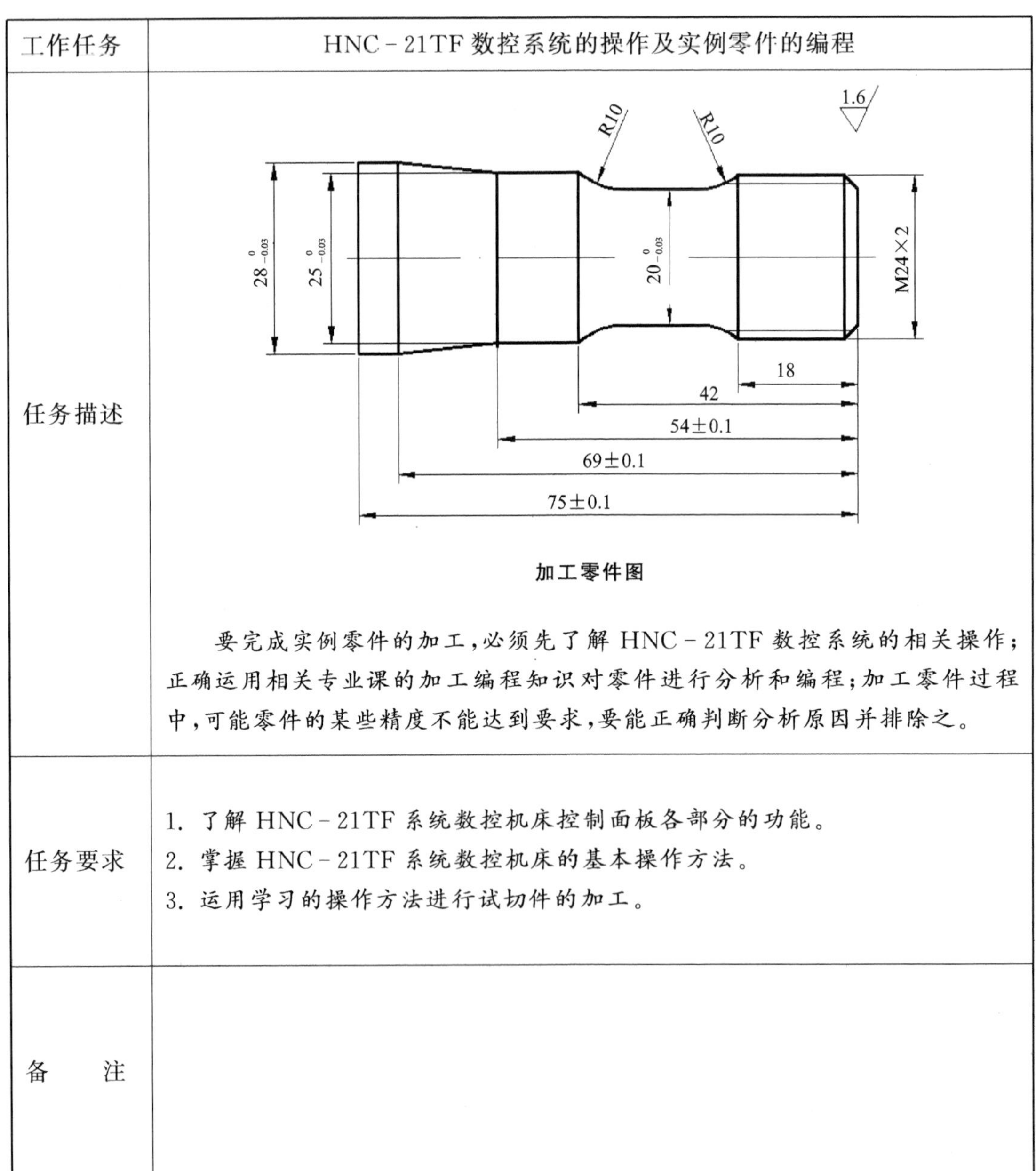

工作任务	HNC－21TF 数控系统的操作及实例零件的编程
任务描述	加工零件图 要完成实例零件的加工，必须先了解 HNC－21TF 数控系统的相关操作；正确运用相关专业课的加工编程知识对零件进行分析和编程；加工零件过程中，可能零件的某些精度不能达到要求，要能正确判断分析原因并排除之。
任务要求	1. 了解 HNC－21TF 系统数控机床控制面板各部分的功能。 2. 掌握 HNC－21TF 系统数控机床的基本操作方法。 3. 运用学习的操作方法进行试切件的加工。
备　　注	

8.1　相关知识点收集

8.1.1　引导问题

应了解哪些必要知识？除下述介绍的基础知识点外，还可通过哪些渠道收集到相关知识？如何分工？

序　号	知识点	内　容	资料来源	收集人

8.1.2　相关基础知识

1. 操作面板介绍

HNC－21TF数控系统机床操作面板如图8－1所示。操作面板主要用于控制机床的运动和选择机床运行状态。由模式选择旋钮、数控程序运行控制开关等多个部分组成，每一部分的详细说明如下。

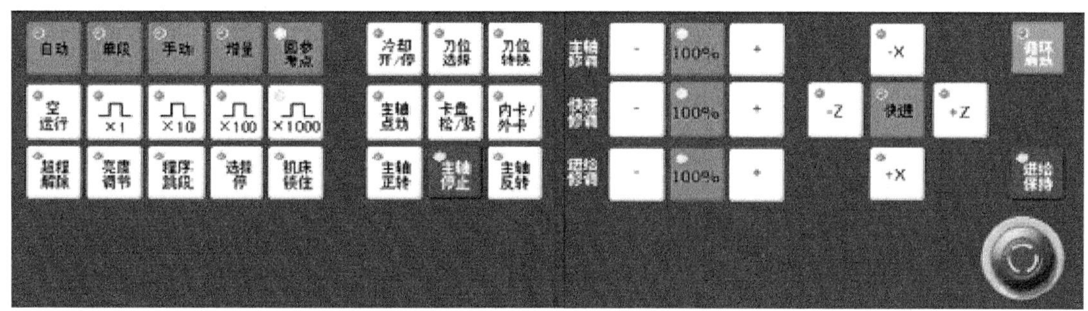

图8－1　HNC－21TF数控系统机床操作面板

(1) 方式选择

自动：进入自动加工模式。

单段：按一下“循环启动”键运行一程序段，机床运动轴减速停止，刀具、主轴电机停止运行；再按一下“循环启动”键又执行下一程序段，执行完了后又再次停止。

手动：手动方式，手动连续移动台面或者刀具。

增量：增量进给。

回参考点：回参考点。

(2) 主轴控制

：在手动方式下可用“主轴点动”按键点动转动主轴。

：按一下“主轴正转”键，指示灯亮，主电机以机床参数设定的转速正转。

：按一下“主轴停止”键，指示灯亮，主电机停止运转。

：按一下“主轴反转”键，指示灯亮，主电机以机床参数设定的转速反转。

(3) 增量倍率

：选择手动台面时每一步的距离。×1 为 0.001 mm，×10 为 0.01 mm，×100 为 0.1 mm，×1000 为 1 mm。将光标置于旋钮上，单击选择。

(4) 数控程序运行控制开关

：程序运行开始，模式选择旋钮在“AUTO”和“MDI”位置时按下有效，其余时间按下无效。

：程序运行停止，在数控程序运行中，按下此按钮停止程序运行。

(5) 卡盘操作

：在手动方式下，按一下“卡盘松紧”键，松开工件(默认值为夹紧)，可以进行更换工件操作，再按一下又为夹紧工件，可以进行加工工件操作，如此循环。

：卡盘夹紧方式选择。

(6) 空运行

：按下此键，各轴以固定的速度运动。

(7) 刀位选择和转换

：选择刀位。

：在手动方式下按一下刀位转换按键，转塔刀架转动一个刀位。

(8) 超程解除

：在伺服轴行程的两端各有一个极限开关，作用是防止伺服机构碰撞而损坏，每当伺服机构碰到行程极限开关时，就会出现超程。当某轴出现超程(“超程解除”键内指示灯亮时)，系统视其状况为紧急停止，要退出超程状态时必须：

① 松开急停按钮置工作方式为手动或手摇方式；

② 一直按压着超程解除按键控制器会暂时忽略超程的紧急情况；

③ 在手动(手摇)方式下使该轴向相反方向退出超程状态；

④ 松开超程解除按键，若显示屏上运行状态栏运行正常取代了出错，表示恢复正常可以继续操作。

(9) 选择停

：“选择停”键有效时(指示灯亮)，自动方式下，遇有 M01 程序停止。

(10) 程序跳段

：自动方式按下此键，跳过程序段开头带有“/”的程序。

(11) 机床锁住

：禁止机床所有运动。在自动运行开始前，按一下“机床锁住”键(指示灯亮)，再按“循环启动”按键，系统继续执行程序，显示屏上的坐标轴位置信息变化但不输出伺服轴的移动指令，所以机床停止不动，这个功能用于校验程序。

(12) 冷却启停

：在手动方式下，按一下“冷却开/停”键，冷却液开，默认值为冷却液关，再按一下又为冷却液关，如此循环.

(13) 急　停

：机床运行过程中，在危险或紧急情况下按下急停按钮，CNC 即进入急停状态。伺服进给及主轴运转立即停止工作（控制柜内的进给驱动电源被切断）。松开急停按钮，左旋此按钮，自动跳起，CNC 进入复位状态。

(14) 修　调

主轴正转及反转的速度可通过主轴修调调节，如图 8－2 所示。按压主轴修调右侧的 100％ 按键，指示灯亮。主轴修调倍率被置为 100％，按一下“＋”键，主轴修调倍率递增 5％，按一下“－”键，主轴修调倍率递减 5％，机械齿轮换挡时，主轴速度不能修调。

(15) 工作台控制

手动移动机床工作台按钮，如图 8－3 所示。

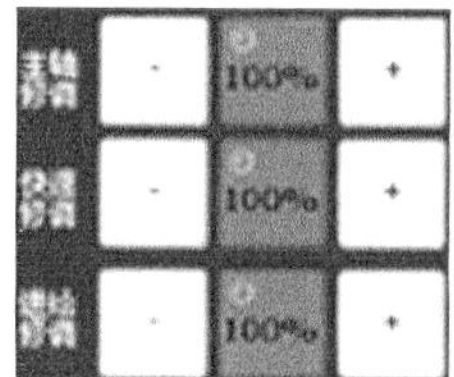

图 8－2　主轴修调

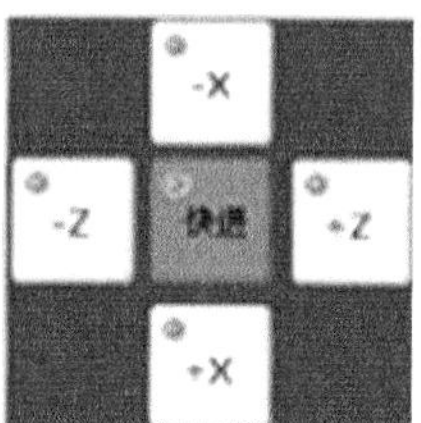

图 8－3　工作台控制

2. 控制面板介绍

华中世纪星 HNC－21TF 数控系统控制面板如图 8－4 所示，其左侧为数控系统显示屏，用操作键盘结合显示屏可以进行数控系统操作。

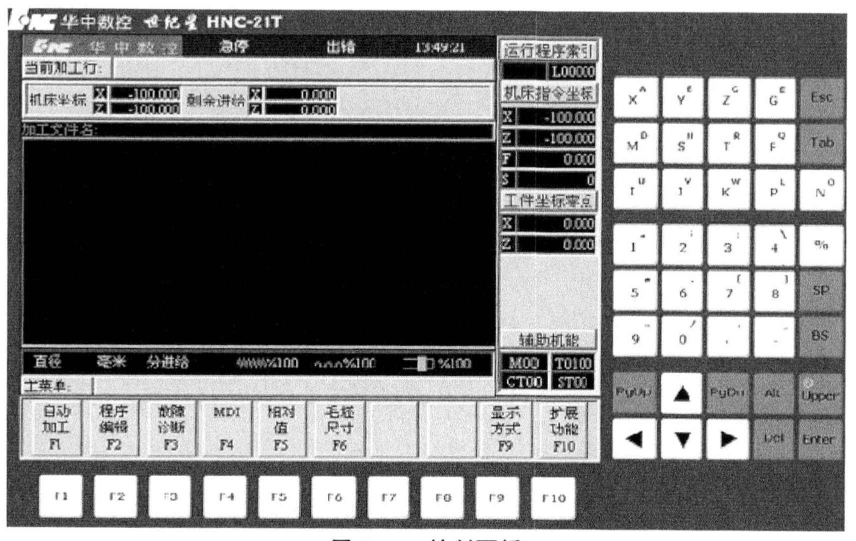

图 8－4　控制面板

操作面板各部分介绍：

（1）功能键

功能键如图 8－5 所示。

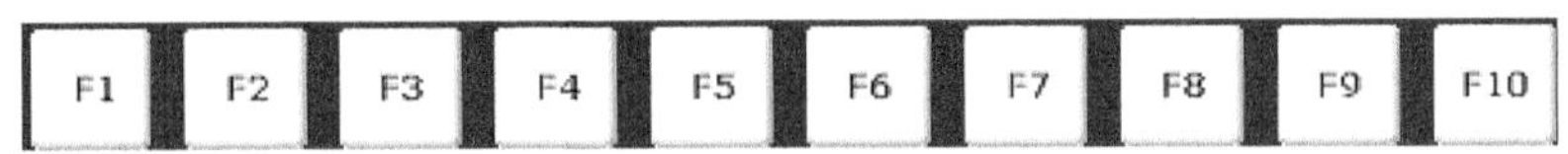

图 8－5　功能键

（2）数字键

数字键如图 8－6 所示。

（3）字母键

字母键如图 8－7 所示。

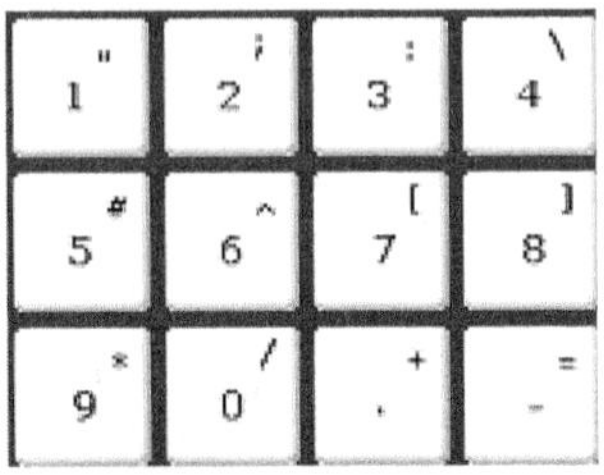

图 8－6　数字键

图 8－7　字母键

数字键、字母键用于输入数据到输入区域，如图 8－8 所示，系统自动判别取字母还是取数字。

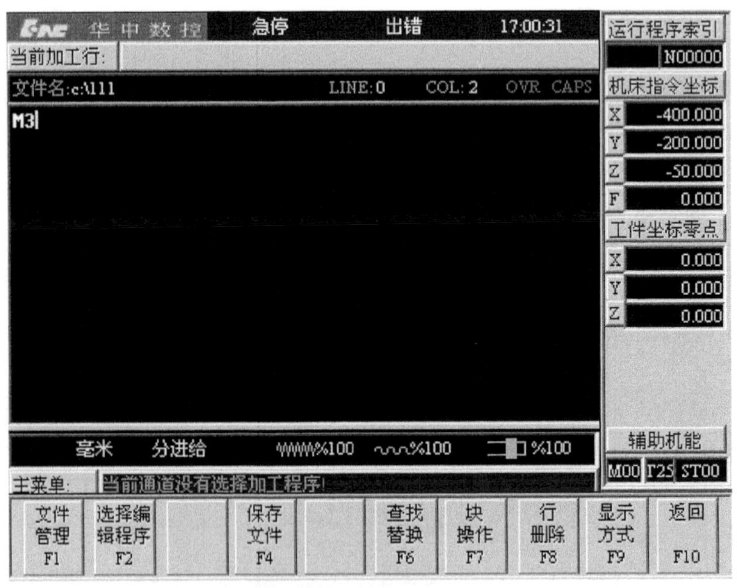

图 8－8　输入区域

（4）编辑键

Alt：替代键。用输入的数据替代光标所在的数据。

Del：删除键。删除光标所在的数据，或者删除一个数控程序，或者删除全部数控程序。

Esc：取消键。取消当前操作。

Tab：跳挡键。

SP：空格键。空出一格。

BS：退格键。删除光标前的一个字符光标向前移动一个字符位置，余下的字符左移一个字符位置。

Enter：确认键。确认当前操作；结束一行程序的输入并且换行。

Upper：上挡键。用于同一个键上多个参数的输入切换。

翻页按钮(PAGE)

PgUp：向上翻页。使编辑程序向程序头滚动一屏，光标位置不变。如果到了程序头，则光标移到文件首行的第一个字符处。

PgDn：向下翻页。使编辑程序向程序尾滚动一屏，光标位置不变。如果到了程序尾，则光标移到文件末行的第一个字符处。

◂▴▾▸光标移动(CURSOR)。

8.2　分组讨论

引导问题：

1. 数控机床有哪些基本操作？

____

____

2. 加工零件之前要用到哪些准备操作？团队如何分工与协作？

____

____

3. 实训应使用的工具、量具有哪些？谁负责借出、保管与归还？

____

____

4. 零件加工过程中要注意哪些操作？团队如何分工与协作？

____

____

5. 加工完成后如何检验零件的精度是否合格？团队如何分工与协作？

____

____

6. 如果零件的加工精度不合格，会由什么原因造成？如何排除？

____

____

8.3 制订工作计划

引导问题:除了前面提到的,还需要做哪些准备工作?

8.3.1 机床操作及零件加工步骤方案表

步　骤	内　容	分工(责任人)	预期成果及检查项目

8.3.2 实训设备、工具、量具及辅料

1. 实训设备

HED－21S 数控系统综合实验台、CK6140 数控车床。

2. 实训工具、量具及辅料(参考)

(1) 活顶尖。

(2) A2.5 中心钻。

(3) 外圆端面车刀(株洲钻石)。

说明:方柄(20×20×125)、刀尖角 35°\u12289X,主偏角 93°\u12290X。

参考刀具型号:MVJNR2020K16,如图 8－9 所示。

参考刀片型号:VNMG160408-DF,如图 8－10 所示。具体刀片参数如表 8－1 所列。

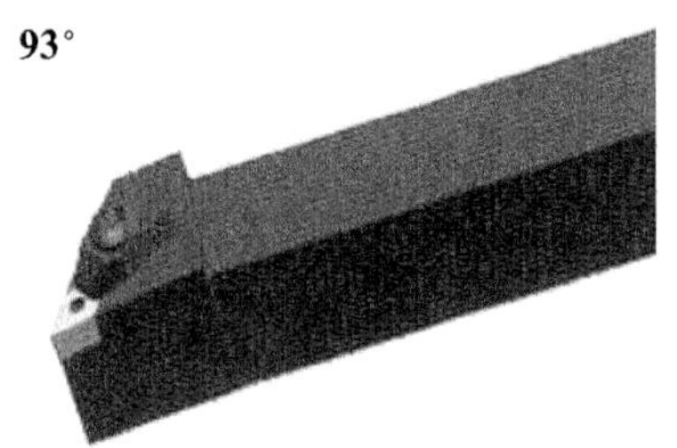

图 8－9 MVJNR2020K16 型车刀

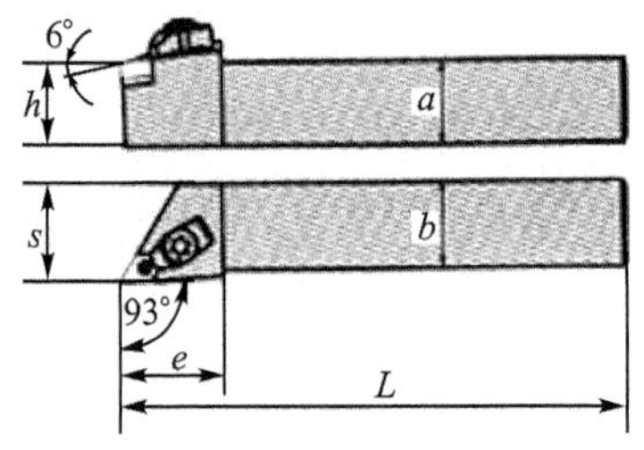

图 8－10 VNMG160408－DF 型车刀

表 8－1 VNMG160408－DF 型车刀刀片参数表

a	b	L	s	h	e
20	20	125	20	25	45

(4) 外螺纹车刀(株洲钻石)。

说明:方柄(20×20×125)、牙形角 60°\u12289X、螺距 2 mm。

参考刀具型号:SWR2020K16,如图 8－11 所示。

参考刀片型号：RT16.01W-2GM，如图8－12所示。具体刀片参数如表8－2所列。

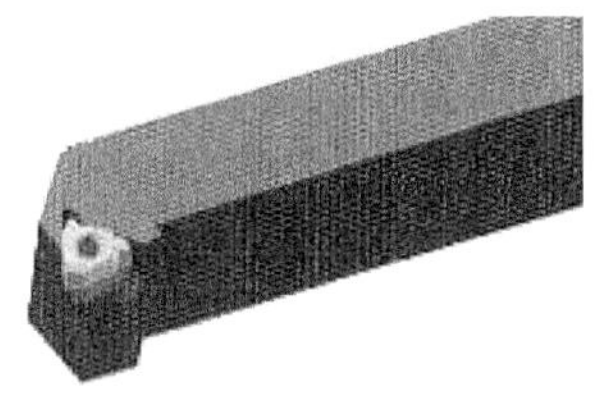

图8－11　SWR 2020K16型车刀

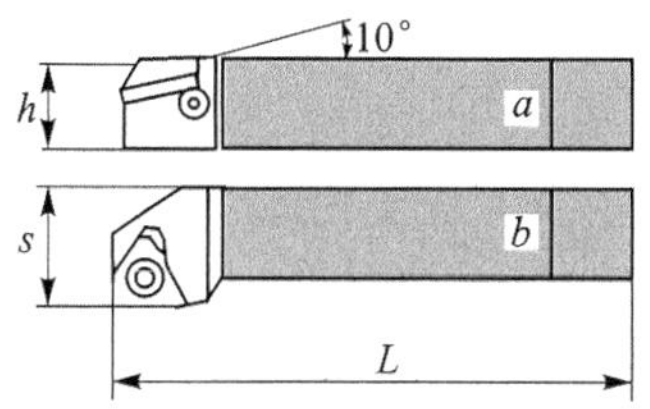

图8－12　RT16.01W－2GM型车刀

表8－2　RT16.01W－2GM型车刀刀片参数表

a	*h*	*b*	*L*	*s*
20	20	20	125	25

（5）毛坯：Φ 30×82

引导问题：这些实训工具、量具及辅料各是什么规格？数量各是多少？谁负责领出、保管及归还？

实训工具及辅料

序　号	工具及辅料名称	规格	数量	责任人

8.4　执行工作计划

引导问题：如何实施？实施过程中如何组织与协调？谁负责记录？

8.4.1　开机和关机操作

1. 开机操作

（1）按下急停按钮，断开系统中所有空气开关。

（2）合上空气开关QF1。

（3）合上空气开关QF4。

（4）合上空气开关QF3。

（5）合上空气开关QF2。

2. 关机操作

（1）按下急停按钮。

（2）断开空气开关QF2。

（3）合上空气开关QF3。

(4)合上空气开关 QF4。

(5)合上空气开关 QF1。

8.4.2 复 位

系统上电开机时，系统的工作方式通常为“急停”，为控制系统运行，需左旋并拔起操作台右上角的“急停”按钮，使系统复位，并接通伺服电源。系统默认进入“回参考点”方式，软件操作界面的工作方式变为“回零”。

8.4.3 回参考点

控制机床运动的前提是建立机床坐标系，为此，系统接通电源、复位后首先应进行机床回参考点操作。方法如下：

(1) 如果系统显示的当前工作方式不是回零方式，按一下控制面板上面的“回零”键，确保系统处于“回零”方式；

(2) 根据 *X* 轴机床参数“回参考点方向”，按一下 +X（“回参考点方向”为“＋”）或 -X（“回参考点方向”为“－”）键，*X* 方向回到参考点后，+X 或 -X 键内的指示灯亮；

(3) 用同样的方法使用 +Z 、-Z 键，可以使 *Z* 方向回参考点。所有方向回参考点后，即建立了机床坐标系。

8.4.4 工作台移动

手动移动机床工作台的操作由手持单元和机床控制面板上的方式选择、轴手动、增量倍率、进给修调、快速修调等按键共同完成。

1. 点动进给

按一下“手动”按键(指示灯亮)，系统处于点动运行方式，可点动移动机床工作台(下面以点动移动 *X* 轴方向为例说明)：

(1) 按压 +X 或 -X 键(指示灯亮)，工作台将产生 *X* 轴正向或负向连续移动；

(2) 松开 +X 或 -X 键(指示灯灭)，工作台即减速停止。

用同样的操作方法使用 +Z 或 -Z 键，可以使工作台产生 *Z* 轴正向或负向连续移动。

2. 点动快速移动

在点动进给时，若同时按压“快进”键，则产生相应轴的正向或负向快速运动。

3. 点动进给速度选择

在点动进给时，进给速率为系统参数“最高快移速度”的 1/3 乘以进给修调选择的进给倍率。点动快速移动的速率为系统参数“最高快移速度”乘以快速修调选择的快移倍率。按压进给修调或快速修调右侧的“100%”键(指示灯亮)，进给或快速修调倍率被置为 100%，按一下“＋”键，修调倍率递增 5%，按一下“－”键，修调倍率递减 5%。

4. 增量进给

当手持单元的坐标轴选择波段开关置于“Off”挡时，按一下控制面板上的“增量”键(指示灯亮)，系统处于增量进给方式，可增量移动机床工作台，其操作方式与点动进给相同。同时按一下多个方向的按钮，手动按键每次能增量进给多个坐标轴方向。

5. 增量值选择

增量进给的增量值由 ×1、×10、×100、×1000 4 个增量倍率按键控制。增量倍率按键和增量值的对应关系如表 8－3 所列。

表 8－3 增量倍率与增量值的关系

增量倍率按键	×1	×10	×100	×1 000
增量值/mm	0.001	0.01	0.1	1

注意：这几个按键互锁，即按一下其中一个(指示灯亮)其余几个会失效(指示灯灭)。

6. 手摇进给

当手持单元的坐标轴选择波段开关置于“X”、“Z”挡时，按一下控制面板上的“增量”键(指示灯亮)，系统处于手摇进给方式，可手摇进给机床坐标轴(下面以手摇进给 X 轴为例说明)：

(1) 手持单元的坐标轴选择波段开关置于“X” 挡；

(2) 旋转手摇脉冲发生器，可控制 X 轴正、负向运动；

(3) 顺时针/逆时针旋转手摇脉冲发生器一格，X 轴将向正向或负向移动一个增量值。

用同样的操作方法使用手持单元可以使 Z 轴向正向或负向移动一个增量值。手摇进给方式每次只能增量进给 1 个坐标轴。

7. 手摇倍率选择

手摇进给的增量值(手摇脉冲发生器每转一格的移动量)由手持单元的增量倍率波段开关“×1”、“×10”、“×100”、“×1000” 控制。增量倍率波段开关的位置和增量值的对应关系如表8－4所列。

表 8－4 波段开关位置与增量值的关系

位 置	×1	×10	×100	×1 000
增量值/mm	0.001	0.01	0.1	1

8.4.5 手动数据输入(MDI)运行

在主操作界面下按 F4 键进入 MDI 功能子菜单。

在 MDI 功能子菜单下按 F6 键进入 MDI 运行方式，命令行的底色变成了白色并且有光标在闪烁。这时可以从 NC 键盘输入并执行一个 G 代码指令段即“MDI 运行”，如图 8－13 所示。

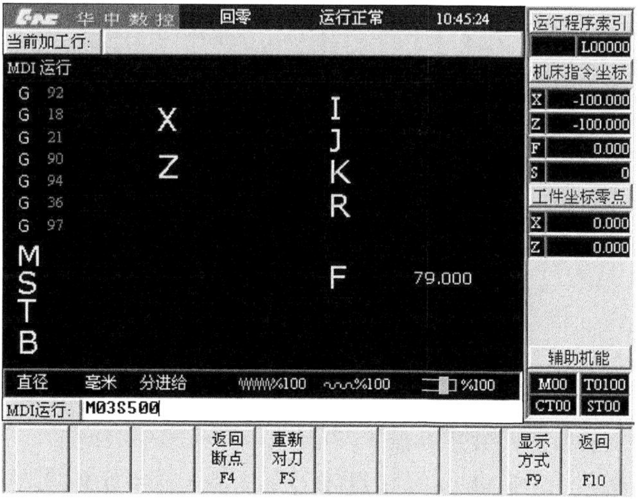

图 8－13 MDI 功能

1. 输入 MDI 指令段

MDI 输入的最小单位是一个有效指令字。因此，输入一个 MDI 运行指令段可以有下述两种方法：

(1) 一次输入，即一次输入多个指令字的信息；

(2) 多次输入，即每次输入一个指令字信息 。

例如要输入“G00 X100 Z1000” MDI 运行指令段，可以操作如下：

(1) 直接输入“G00 X100 Z1000”，并按 Enter 键；

(2) 先输入“G00 ”并按 Enter 键，再输入“X100” 并按 Enter 键，然后输入“Z1000” 并按 Enter 键，显示窗口内将依次显示大字符“X100”，“Z1000”。

在输入命令时，可以在命令行看见输入的内容，在按 Enter 键之前，如发现输入错误，可用 BS、◄、► 键进行编辑，按 Enter 键后，系统发现输入错误，会提示相应的错误信息。

2. 运行 MDI 指令段

在输入完一个 MDI 指令段后，按一下操作面板上的“循环启动”键，系统即开始运行所输入的 MDI 指令。

如果输入的 MDI 指令信息不完整或存在语法错误，系统会提示相应的错误信息此时不能运行 MDI 指令。

3. 修改某一字段的值

在运行 MDI 指令段之前，如果要修改输入的某一指令字，可直接在命令行上输入相应的指令字符及数值。例如在输入“X100” 并按 Enter 键后希望 X 值变为 109，可在命令行上输入“X109”，并按 Enter 键，如图 8-14 所示。

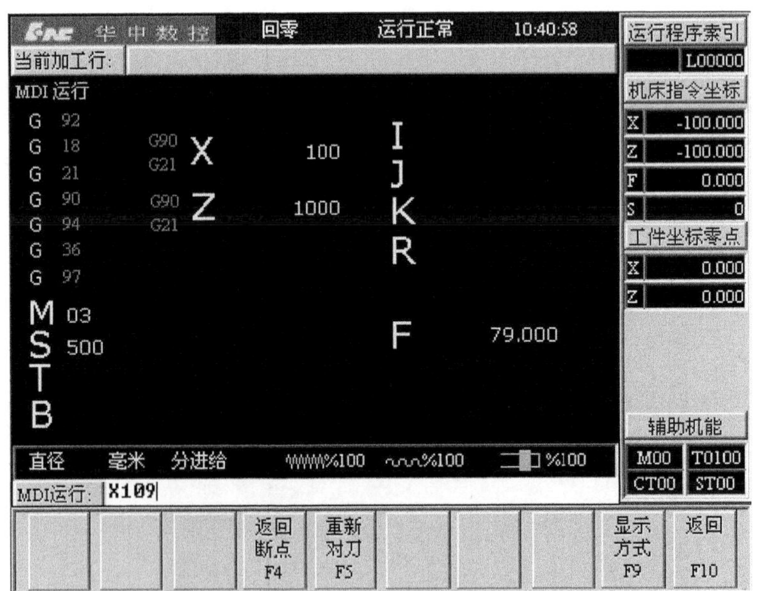

图 8-14 数值修改

4. 清除当前输入的所有尺寸字数据

在输入 MDI 数据后，按 F7 键可清除当前输入的所有尺寸字数据(其他指令字依然有效)，显示窗口内 X、Y、Z、I 、J、K 、R 等字符后面的数据全部消失，此时可重新输入新的数据。

5. 停止当前正在运行的 MDI 指令

在系统正在运行 MDI 指令时,按 F7 键可停止 MDI 运行。

8.4.6 选择编辑程序

1. 选择磁盘程序

(1) 选择“自动加工”菜单中的“程序选择”,如图 8-15 所示。

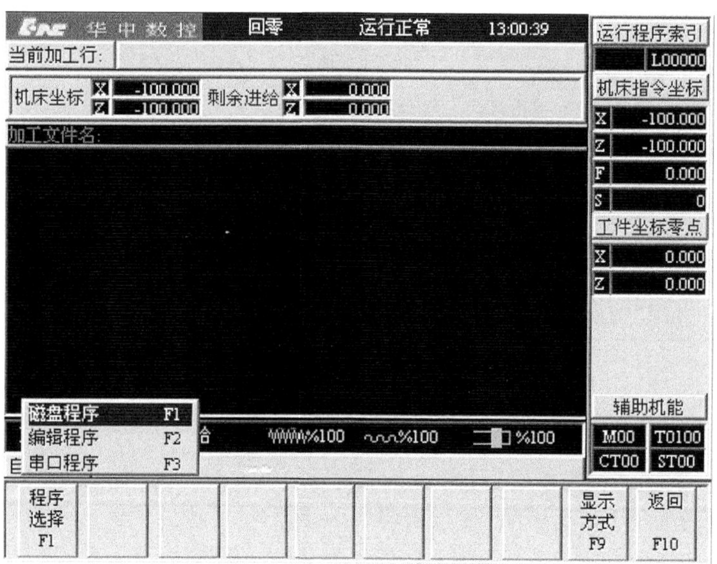

图 8-15 程序选择

(2) 按 F1 键,如图 8-16 所示。

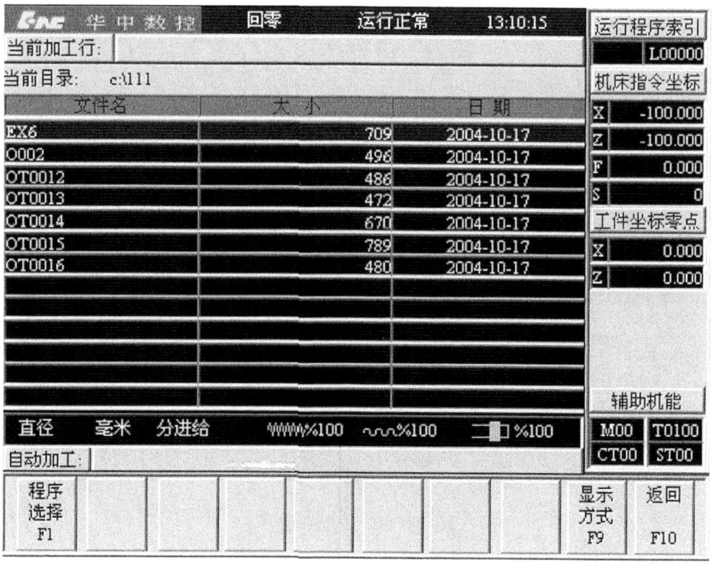

当前目录: c:\111

文件名	大小	日期
EX6	709	2004-10-17
O002	496	2004-10-17
OT0012	486	2004-10-17
OT0013	472	2004-10-17
OT0014	670	2004-10-17
OT0015	789	2004-10-17
OT0016	480	2004-10-17

图 8-16 选择程序界面

(3) 按▲、▼光标选择其中的程序,按 Enter 键,选中的程序被打开,如图 8-17 所示。

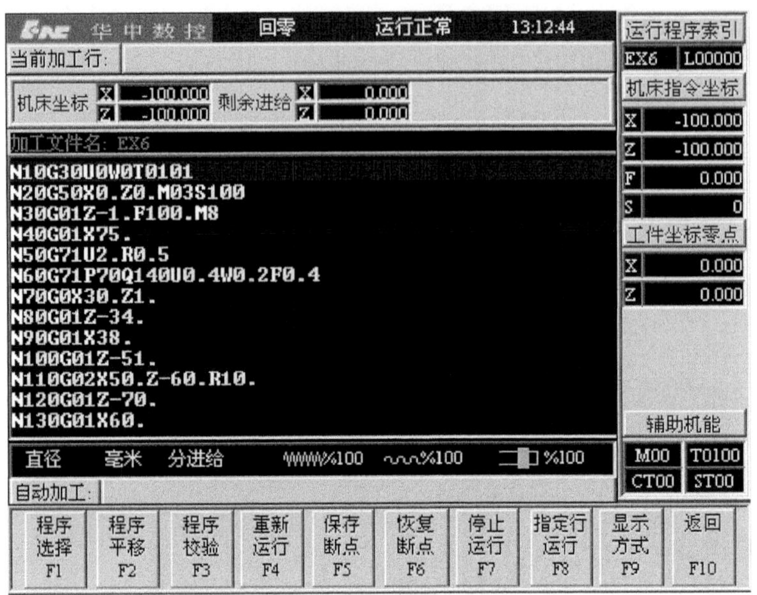

图 8－17　打开选中程序

2. 选择编辑程序

编辑完程序，保存好后若要进行加工，步骤如下：

(1) 选择“自动加工”菜单中的“程序选择”，如图 8－18 所示。

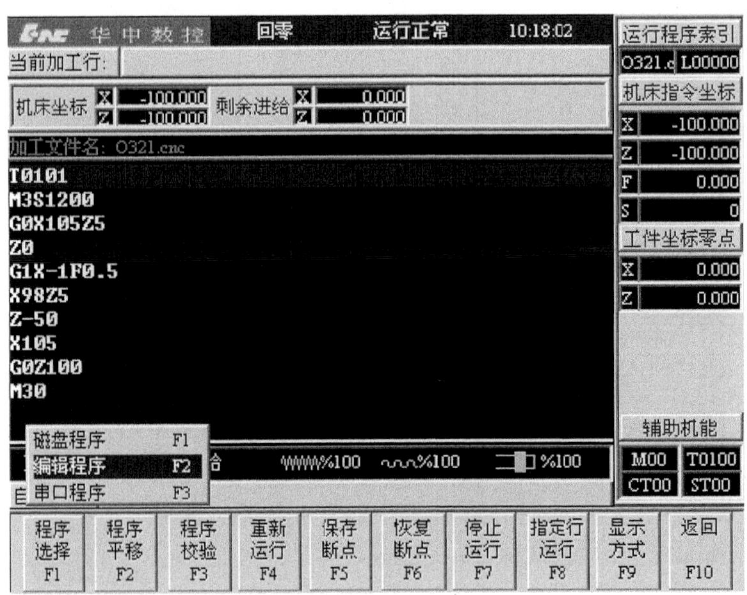

图 8－18　编辑程序

(2) 按 F2 键，所编辑的程序被调出，按“循环启动”键，程序可运行。

3. 选择当前正在加工的程序进行编辑

选择当前正在加工的程序操作步骤如下：

(1) 在调出加工程序后，按 F2 键，在选择编辑程序菜单中按 F2 键选中正在加工的程序选项，如图 8－19 所示。

图 8－19　编辑当前加工程序

(2) 按光标键即可进行编辑了。

4. 创建一个新文件

新建一个文件进行编辑的操作步骤如下：

(1) 在“文件管理”菜单中用▲、▼选中“新建文件”选项，如图 8－20 所示。

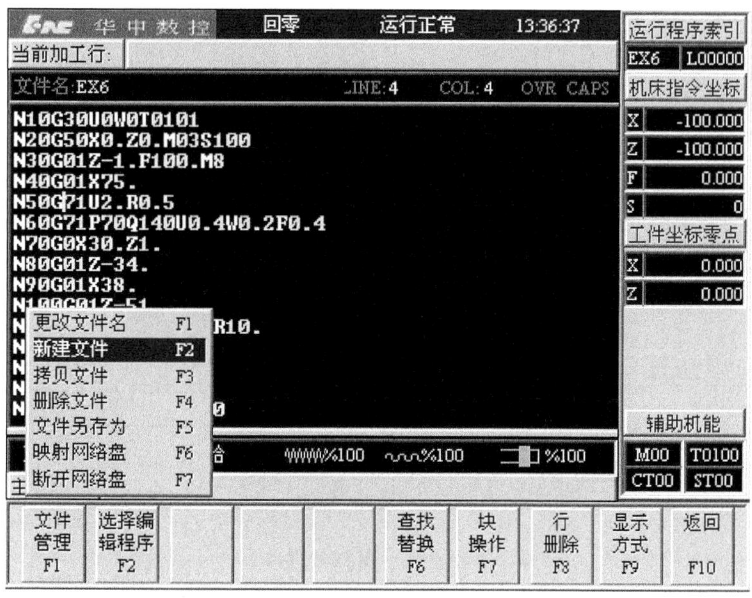

图 8－20　创建新程序

(2) 在输入新文件名栏输入新文件的文件名(如 NEW),如图 8－21 所示。

华中数控　回零　运行正常　13:38:13

当前加工行:

文件名:EX6　LINE:4　COL:4　OVR CAPS

```
N10G30U0W0T0101
N20G50X0.Z0.M03S100
N30G01Z-1.F100.M8
N40G01X75.
N50G71U2.R0.5
N60G71P70Q140U0.4W0.2F0.4
N70G0X30.Z1.
N80G01Z-34.
N90G01X38.
N100G01Z-51.
N110G02X50.Z-60.R10.
N120G01Z-70.
N130G01X60.
N140G01Z-90.
N150G00Z200.T0100
```

运行程序索引　EX6　L00000　机床指令坐标　X -100.000　Z -100.000　F 0.000　S 0　工件坐标零点　X 0.000　Z 0.000　辅助机能

直径　毫米　分进给　WWW%100　%100　%100　M00　T0100　CT00　ST00

输入新文件名 NEW

文件管理 F1　选择编辑程序 F2　查找替换 F6　块操作 F7　行删除 F8　显示方式 F9　返回 F10

图 8－21　输入新程序文件名

(3) 按 Enter 键,系统将自动产生一个 0 字节的空文件。注意:新文件不能和当前目录中已经存在的文件同名。

(4) 编辑好程序后,按 F4 键保存文件,如图 8－22 所示。

图 8－22　保存新程序

(5) 如果要更改文件名,按“程序编辑”菜单中“文件管理”,如图 8－23 所示。

按 F1 键,用上下光标键选择所要更改文件名的程序,如图 8－24 所示,选择 NEW。

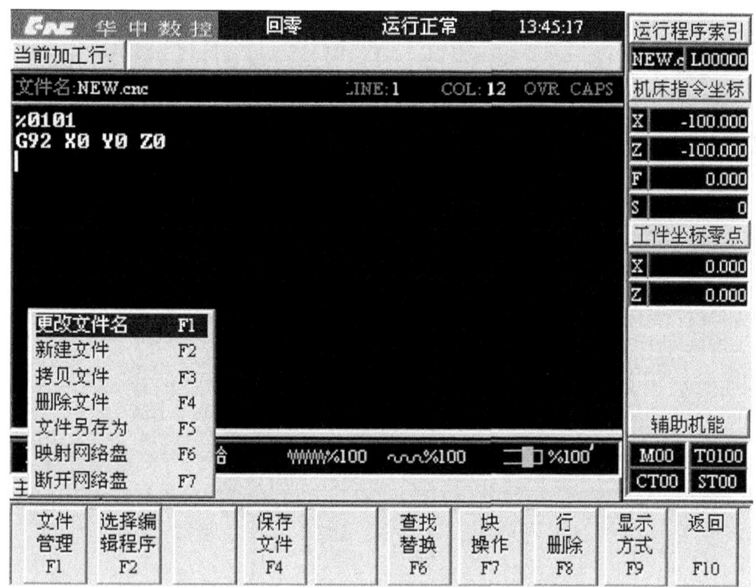

图 8－23　更改文件名

当前目录:　c:\111

文件名	大小	日期
EX6	709	2004-10-17
O002	496	2004-10-17
OT0012	486	2004-10-17
OT0013	472	2004-10-17
OT0014	670	2004-10-17
OT0015	789	2004-10-17
OT0016	480	2004-10-17
NEW.cnc	0	

图 8－24　选择更名程序文件

再按 Enter 键，用 ◄ 、► 、BS 、Del 键进行编辑修改，如图 8－25 所示。

修改好后，按 Enter 键，如图 8－26 所示。

如确实要更改选中的程序名按“Y”，否则按“N”。

5. 程序编辑

当编辑器获得一个零件程序后，就可以编辑当前程序了，编辑过程中用到的主要快捷键如下：

图 8－25　更改为新文件名

图 8－26　更改成功

Del：删除光标后的一个字符，光标位置不变，余下的字符左移一个字符位置。

Upper：使编辑程序向程序头滚动一屏，光标位置不变，如果到了程序头则光标移到文件首行的第一个字符处。

PgDn：使编辑程序向程序尾滚动一屏，光标位置不变，如果到了程序尾则光标移到文件末行的第一个字符处。

BS：删除光标前的一个字符，光标向前移动一个字符位置，余下的字符左移一个字符位置。

6. 删除程序

(1) “程序编辑”菜单中“文件管理”，如图 8－27 所示。

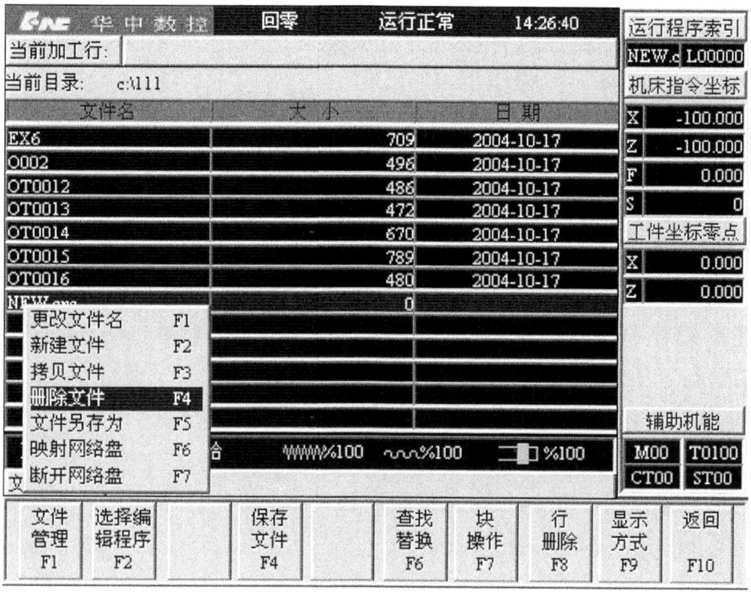

图 8－27　删除文件

(2) 按 F4 键，用上下光标选择要删除的程序（如 NEW. cnc），按 Enter 键，如图 8－28 所示。

图 8－28　删除成功

(3) 如确实要删除选中的程序按“Y”，否则按“N”。

8.4.7 启动、暂停、中止、再启动

1. 启动自动运行

系统调入零件加工程序经校验无误后可正式启动运行。按一下机床控制面板上的“自动”键(指示灯亮),进入程序运行方式,再按一下机床控制面板上的“循环启动”键(指示灯亮),机床开始自动运行调入的零件加工程序。

2. 暂停运行

在程序运行的过程中需要暂停运行,可按下述步骤操作:

(1) 在程序运行子菜单下按 F7 键;

(2) 按 N 键则暂停程序运行并保留当前运行程序的模态信息。

3. 中止运行

在程序运行的过程中需要中止运行,可按下述步骤操作:

(1) 在程序运行子菜单下按 F7 键;

(2) 按 Y 键则中止程序运行并卸载当前运行程序的模态信息。

4. 暂停后的再启动

在自动运行暂停状态下,按一下机床控制面板上的“循环启动”按键,系统将从暂停前的状态重新启动继续运行。

5. 重新运行

在当前加工程序中止自动运行后希望从程序头重新开始运行时,可按下述步骤操作:

(1) 在程序运行子菜单下按 F4 键;

(2) 按 Y 键则光标将返回到程序头,按 N 键则取消重新运行;

(3) 按机床控制面板上的“循环启动”键,从程序首行开始,重新运行当前加工程序。

6. 空运行

在自动方式下按一下机床控制面板上的“空运行”键(指示灯亮),CNC 处于空运行状态,程序中编制的进给速率被忽略,坐标轴以最大快移速度移动。空运行不做实际切削,目的在于确认切削路径及程序,在实际切削时,应关闭此功能,否则可能会造成危险,此功能对螺纹切削无效。

在空运行过程中按 F9 键切换显示方式可实现显示图形参数。

7. 单段运行

按一下机床控制面板上的“单段”键(指示灯亮),系统处于单段自动运行方式,程序控制将逐段执行。其操作过程为:

(1) 按一下“循环启动”键运行一程序段,机床运动轴减速停止,刀具、主轴电机停止运行;

(2) 再按一下“循环启动”键又执行下一程序段,执行完了后又再次停止。

8.4.8 数据设置

1. 坐标系数据

MDI 输入坐标系数据的操作步骤如下:

(1) 在 MDI 功能子菜单下按 F4 键进入坐标系手动数据输入方式,图形显示窗口首先显示 G54 坐标系数据,如图 8-29 所示。

(2) 按 Pgdn 或 Pgup 键,选择要输入的数据类型:G55、G56、G57、G58、G59 坐标系当前

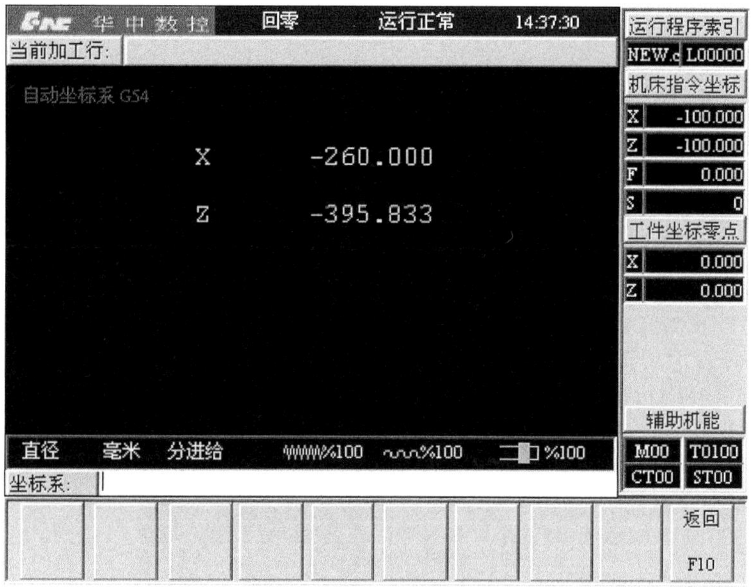

图 8－29 G54 坐标系数据

工件坐标系的偏置值(坐标系零点相对于机床零点的值),或当前相对值零点。

(3) 在命令行输入所需数据,如输入"X200 Z300",并按 Enter 键,将设置 G54 坐标系的 X 及 Z 偏置分别为 200、300,如图 8－30 所示。

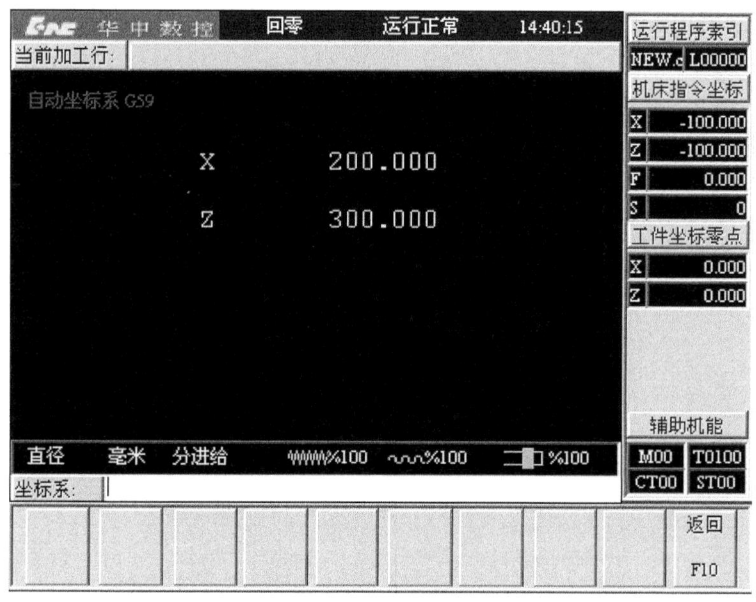

图 8－30 偏置数据

(4) 若输入正确,图形显示窗口相应位置将显示修改过的值,否则原值不变。

注意:编辑的过程中在按 Enter 键之前,按 Esc 键可退出编辑,但输入的数据将丢失,系统将保持原值不变。

2．刀库表数据

MDI 输入刀库数据的操作步骤如下：

(1) 在 MDI 功能子菜单下按 F1 键，进行刀库设置，图形显示窗口将出现刀库数据，如图 8－31 所示。

华中数控 回零 运行正常 15:19:35

当前加工行：

刀具表：

位置	刀号	组号
#0000	0	0
#0001	0	0
#0002	0	0
#0003	0	0
#0004	0	0
#0005	0	0
#0006	0	0
#0007	0	0
#0008	0	0
#0009	0	0
#0010	0	0
#0011	0	0
#0012	0	0

运行程序索引
NEW.c L00000
机床指令坐标
X -100.000
Z -100.000
F 0.000
S 0
工件坐标零点
X 0.000
Z 0.000
辅助机能
M00 T0100
CT00 ST00

直径 毫米 分进给 %100 %100 %100

刀库表编辑

返回 F10

图 8－31 刀库数据

(2) 用 ▲、▼、◄、► PgUp PgDn 移动蓝色亮条选择要编辑的选项。

(3) 按 Enter 键蓝色亮条所指刀具数据的颜色和背景都发生变化，同时有一光标在闪烁，如图 8－32 所示。

图 8－32 输入刀库数据

（4）用 ◄ ► BS Del 键进行编辑修改。

（5）修改完毕，按 Enter 键确认。

（6）若输入正确，图形显示窗口相应位置将显示修改过的值，否则原值不变。

3. 刀偏表

MDI 输入刀偏数据的操作步骤如下：

（1）在 MDI 功能子菜单下按 F2 键进行刀偏设置，图形显示窗口将出现刀具数据，如图 8－33 所示。

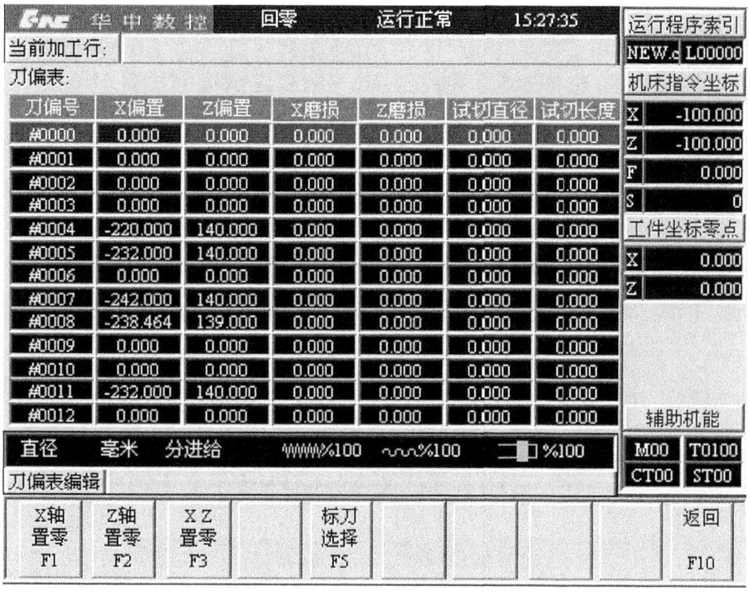

刀偏号	X偏置	Z偏置	X磨损	Z磨损	试切直径	试切长度
#0000	0.000	0.000	0.000	0.000	0.000	0.000
#0001	0.000	0.000	0.000	0.000	0.000	0.000
#0002	0.000	0.000	0.000	0.000	0.000	0.000
#0003	0.000	0.000	0.000	0.000	0.000	0.000
#0004	-220.000	140.000	0.000	0.000	0.000	0.000
#0005	-232.000	140.000	0.000	0.000	0.000	0.000
#0006	0.000	0.000	0.000	0.000	0.000	0.000
#0007	-242.000	140.000	0.000	0.000	0.000	0.000
#0008	-238.464	139.000	0.000	0.000	0.000	0.000
#0009	0.000	0.000	0.000	0.000	0.000	0.000
#0010	0.000	0.000	0.000	0.000	0.000	0.000
#0011	-232.000	140.000	0.000	0.000	0.000	0.000
#0012	0.000	0.000	0.000	0.000	0.000	0.000

图 8－33　刀偏表

（2）用 ▲ ▼ ◄、► PgUp PgDn 键移动蓝色亮条，选择要编辑的选项。

（3）按 Enter 键，蓝色亮条所指刀具数据的颜色和背景都发生变化，同时有一光标在闪烁，如图 8－34 所示。

（4）用 ◄ ► BS Del 键进行编辑修改。

（5）修改完毕，按 Enter 键确认。

（6）若输入正确，图形显示窗口相应位置将显示修改过的值，否则原值不变。

4. 刀补表

MDI 输入刀补数据的操作步骤如下：

（1）在 MDI 功能子菜单下按 F3 键进行刀补设置，图形显示窗口将出现刀具数据，如图 8－35 所示。

（2）用 ▲ ▼ ◄、► PgUp PgDn 移动蓝色亮条选择要编辑的选项。

（3）按 Enter 键，蓝色亮条所指刀具数据的颜色和背景都发生变化，同时有一光标在闪烁，如图 8－36 所示。

（4）用 ◄ ► BS Del 键进行编辑修改。

（5）修改完毕，按 Enter 键确认。

(6) 若输入正确,图形显示窗口相应位置将显示修改过的值,否则原值不变。

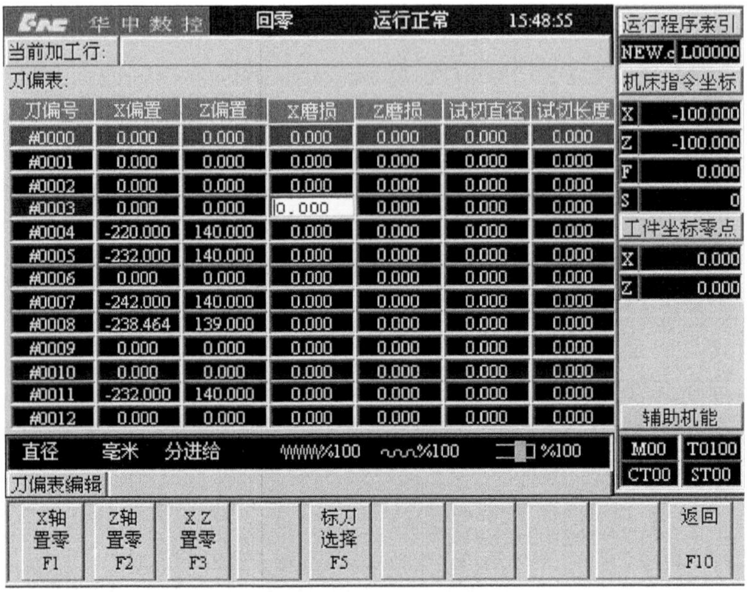

刀偏表:

刀偏号	X偏置	Z偏置	X磨损	Z磨损	试切直径	试切长度
#0000	0.000	0.000	0.000	0.000	0.000	0.000
#0001	0.000	0.000	0.000	0.000	0.000	0.000
#0002	0.000	0.000	0.000	0.000	0.000	0.000
#0003	0.000	0.000	0.000	0.000	0.000	0.000
#0004	-220.000	140.000	0.000	0.000	0.000	0.000
#0005	-232.000	140.000	0.000	0.000	0.000	0.000
#0006	0.000	0.000	0.000	0.000	0.000	0.000
#0007	-242.000	140.000	0.000	0.000	0.000	0.000
#0008	-238.464	139.000	0.000	0.000	0.000	0.000
#0009	0.000	0.000	0.000	0.000	0.000	0.000
#0010	0.000	0.000	0.000	0.000	0.000	0.000
#0011	-232.000	140.000	0.000	0.000	0.000	0.000
#0012	0.000	0.000	0.000	0.000	0.000	0.000

图 8-34 编辑刀具偏置量

刀补表:

刀补号	半径	刀尖方位
#0000	0.000000	0
#0001	0.000000	0
#0002	0.000000	0
#0003	0.000000	0
#0004	0.000000	0
#0005	0.000000	0
#0006	0.000000	0
#0007	0.000000	0
#0008	0.000000	0
#0009	0.000000	0
#0010	0.000000	0
#0011	0.000000	0
#0012	0.000000	0

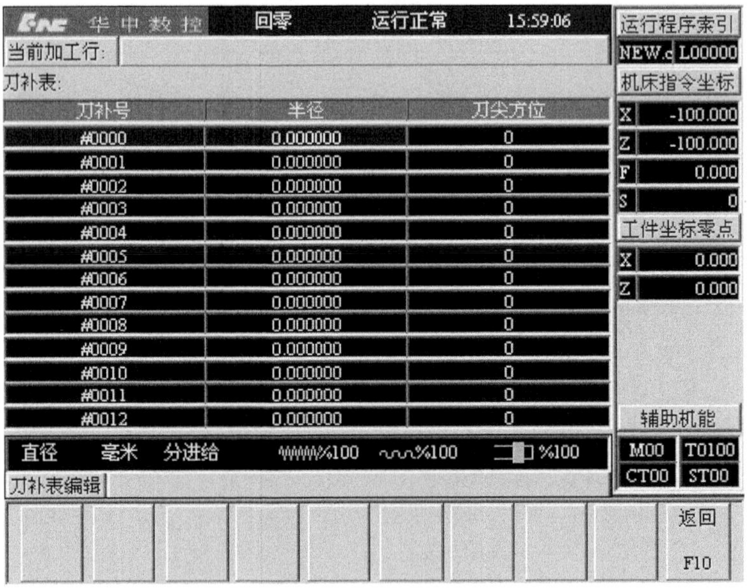

图 8-35 刀补表

华中数控　回零　运行正常　16:01:31

当前加工行:

刀补表:

刀补号	半径	刀尖方位
#0000	0.000000	0
#0001	0.000000	0
#0002	0.000000	0
#0003	0.000000	0
#0004	0.000000	0
#0005	0.000000	0
#0006	0.000000	0
#0007	0.000000	0
#0008	0.000000	0
#0009	0.000000	0
#0010	0.000000	0
#0011	0.000000	0
#0012	0.000000	0

直径　毫米　分进给　%100　%100　%100

刀补表编辑

运行程序索引　NEW.c　L00000

机床指令坐标　X -100.000　Z -100.000　F 0.000　S 0

工件坐标零点　X 0.000　Z 0.000

辅助机能　M00　T0100　CT00　ST00

返回 F10

图 8－36　编辑刀具补偿量

8.4.9　实例零件加工

以图 8－37 所示加工零件为例，该零件具体加工步骤如下：

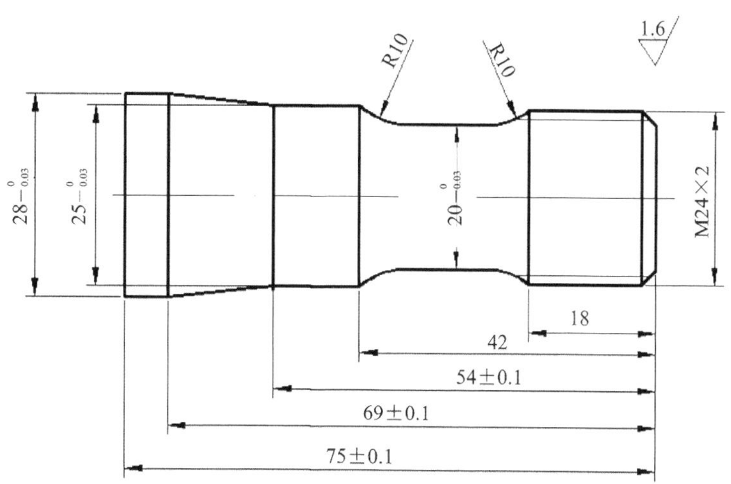

图 8－37　加工零件图

(1) 测量毛坯尺寸，计算加工余量；

(2) 分析零件工艺，并根据工艺制定工艺流程卡；

(3) 根据工艺流程卡编写加工程序；

(4) 将程序输入机床并进行模拟演示，检查工艺和程序有无错误；

(5) 对刀并进行试切削。

8.5 考核与评价

8.5.1 考评各组完成情况

Z 轴机械组件安装与调试实训环节考评结果

班级：　　　　　　　　　　第　　组　　　　　　　　　　得分：

组长：　　　　小组成员：

<table>
<tr><td colspan="8">一、工件(配分：10 分)</td></tr>
<tr><td>序号</td><td colspan="2">检测精度</td><td>允差/mm</td><td>实测/mm</td><td>配分</td><td>评分标准(扣完为止)</td><td>得分</td></tr>
<tr><td>1</td><td rowspan="3">直径尺寸</td><td>Φ20</td><td>−0.03</td><td></td><td>20</td><td>每超差 0.02 扣 5 分</td><td></td></tr>
<tr><td>2</td><td>Φ25</td><td>−0.03</td><td></td><td>20</td><td>每超差 0.02 扣 5 分</td><td></td></tr>
<tr><td>3</td><td>Φ28</td><td>−0.03</td><td></td><td>20</td><td>每超差 0.02 扣 5 分</td><td></td></tr>
<tr><td>4</td><td rowspan="3">长度尺寸</td><td>75</td><td>±0.1</td><td></td><td>5</td><td>每超差 0.1 扣 2 分</td><td></td></tr>
<tr><td>5</td><td>69</td><td>±0.1</td><td></td><td>5</td><td>每超差 0.1 扣 2 分</td><td></td></tr>
<tr><td>6</td><td>54</td><td>±0.1</td><td></td><td>5</td><td>每超差 0.1 扣 2 分</td><td></td></tr>
<tr><td>7</td><td>螺纹尺寸</td><td>M24×2</td><td></td><td></td><td>25</td><td>通、止、长度不合格各扣 5</td><td></td></tr>
<tr><td colspan="8">二、操作规范、生产文明、加工工艺(扣分：合扣 6 分)</td></tr>
<tr><td>1</td><td>文明生产</td><td colspan="4">(1) 着装规范，未受伤；
(2) 刀具、工具、量具的放置正确；
(3) 工件装夹、刀具安装规范；
(4) 正确使用量具；
(5) 卫生、设备保养正确；
(6) 关机后机床停放位置合理；
(7) 发生重大安全事故、严重违反操作规程者，取消考试</td><td>总扣 30 分，每违反一条酌情扣 5 分，扣完为止</td><td></td></tr>
</table>

续表

<table>
<tr><th>序号</th><th colspan="2">检测精度</th><th>允差/mm</th><th>实测/mm</th><th>配分</th><th>评分标准(扣完为止)</th><th>得分</th></tr>
<tr><td>2</td><td>规范操作</td><td colspan="4">(1) 开机前的检查和开机顺序正确；
(2) 正确对刀，回参考点，建立工件坐标系；
(3) 正确仿真校验程序</td><td>总扣 10 分，每违反一条酌情扣 5 分，扣完为止</td><td></td></tr>
<tr><td>3</td><td>工艺处理</td><td colspan="4">(1) 工件定位和夹紧合理；
(2) 加工顺序合理；
(3) 刀具选择合理；
(4) 关键工序正确</td><td>总扣 20 分，每违反一条酌情扣 5 分，扣完为止</td><td></td></tr>
<tr><td colspan="2">记录员</td><td></td><td>监考人</td><td></td><td>检验员</td><td>考评人</td><td></td></tr>
</table>

实习指导教师：

日期：

8.5.2　各成员得分

评价汇总表

序　号	成员姓名	小组得分(50%)	个人得分(25%)	教师评价(25%)	考评结果

注：(1)“小组得分”由实习指导教师给予评价；

(2)“个人得分”由小组成员评价；

(3)“教师评价”由任课教师评价。

8.6 总结与提高

1. 记录自己的工作成果。

2. 记录自己的工作失误以及导致失误的原因，如何改进？

3. 根据收集到的信息，评估目的的达成和转化效果，写出小组自评结论。

参考文献

[1] 饶军.数控机床与数控技术[M].北京:中国林业出版社,2006.
[2] 陈泽宇,秦志强.数控机床的装配与调试[M].北京:电子工业出版社,2009.
[3] 陈吉红,杨克冲.数控机床实验指南[M].武汉:华中科技大学出版社,2003.